U0196082

下厨记 III

邵宛澍 著

上海文化出版社

目　录

122　大荤主菜

荤素冷盆

Menu

冷拌黑木耳

冷拌金针菇

腌萝卜

咸鸭肫

糟凤爪

白切肉

香炸小小鱼

●●● 冷拌黑木耳

　　大家知道，我怕高压锅，怕得要死，以至于被人取笑，说怎么会有人怕压力锅。结果我"一怒之下"，就在豆瓣上开了一个"压力锅爆炸"小组，广招贤士，共襄"怕压力锅"大举。开了那个组之后，"生意"寥寥，守了好几天，也没有人加入，于是我也就忘了。

　　一年之后，有人给我留言，说想要加入那个小组，但是小组已经人满为患了。我去一看，果然二千名成员，已经达到小组的上限了。再看看小组里的话题，奇出怪样无所不有，实在是令人忍俊不禁。无奈上班时间，只好偷着不发声地笑，但是天下有两件事是忍不得的，一是咳嗽二是笑，真正是"捂到内伤"。

　　我之所以怕高压锅，是因为小时候见到过白木耳从高压锅里喷出来的"奇景"，那一幕着实恐怖，巨响音犹在耳，以至于我坚决不用高压锅，坚决不吃白木耳（详情请见拙著《下厨记 II》中的《红汤牛筋》）。

　　虽然不吃白木耳，却去研究过，甚至连发音都特地研究过。我试

3

过一次，拿着一张写着"白木耳"的纸去问上海人怎么念，十有八九都告诉我念作"白木尔"；我再拿出另一张写着"耳朵"的纸来，问上海人怎么念，这回他们异口同声说是"泥朵"。于是我和他们讨论，"耳"到底是念"尔"还是"泥"呢？有一半的人，同意应该念"泥"。其实，老上海是不念"白木尔"的，像我的父亲乃至祖母一代，他们都是念作"白木泥"的。

好像问题解决了。真的吗？没有，我们都知道"白木耳"的另一个名字是"银耳"，那这个词怎么读呢？好像从来没听说过有人念"银泥"的吧？这样说来，难道"耳"在上海话中是一个多音字？这里牵涉到一些"文读"、"白读"、"擦音"、"鼻音"之类的专业问题，估计读者大人们要被弄得晕头转向了。其实，你可以这么理解，"银耳"在上海话中是外来语，外来语读原来的音。

不谈语言了，那是另外一本书的东西，我们继续说木耳。

白木耳我是不吃的，但黑木耳我是吃的。黑木耳的营养价值很高，反正含这个含那个，防这个治那个，我也就不搬砖头了，大家需要的话，可以自行查阅。

不知道大家见过野生的黑木耳没有，这种菌类长在树木上，伸展出来的确就像耳朵一般，东北的森林中大量出产。人工培养的话，就在木头上割出口子，植入菌种，浇水日晒，施以营养，不久就能长出一朵朵的木耳来，煞是热闹。

我不但吃黑木耳，还挺喜欢的，油面筋塞肉里放一点，烤麸里放一点，素鸡里放一点，小排汤里也放，甚至实在想不出配菜了，直接吃黑木耳。

我就来说说直接吃怎么吃吧，冷拌黑木耳即是。

黑木耳的品种有很多，此物上海不出，连江南都少，所以苏沪之人不谙挑选。更有一种，其形与黑木耳酷似，唯稍薄而已，名唤"地耳"，顾名思之这物由地上长出，而非生于木上。地耳极易碎烂，乃是极贱之物，可是晒干之后，与黑木耳几难分辨，若非个中能手，绝对会着了道儿。

对于大城市来说，要得到好的黑木耳，最好的办法是不要贪便宜。去菜场的"野摊"购买，很难避免买到"铳头货"，就算的确是黑木耳而非地耳，质量也参差不齐，小摊为求便宜，往往进一些质次的货，这些东西夹杂大量的泥沙，又有很大的根，后期调理颇费手脚，得不偿失。

如果想吃黑木耳，还是去正规的大店买。拿上海来说，像三阳盛、邵万生以及老同盛之类的南货店就是不错的选择。这些店虽是国营企业，服务态度或许欠佳，但是这些店的采购与销售都是老师傅，经验丰富，可以给出很好的建议。你若客气，人也客气，嘴巴甜一点，虚心一点，他们多半肯帮你挑选，俗话说得好，"不打笑脸之人"嘛！

黑木耳的大小并无所谓，并不见得大的涨发得就大，最关键东西要好，要软而不烂，糯且生香。相对来说，大的往往是人工培养，而小的碎片较多的，则是野生的。除此之外，其他的优点基本都是在生的时候看不出来的，此时只能讲究"良心"两字了。有良心的店名声也好，有良心的店一分价钿（价钱）一分货，我不说了，你懂的。

我经常使用一种盒装的"脱水黑木耳"，绝对的"出口转内销"。这是东北出产的极好的黑木耳，通过新式工艺脱水后变成极小的块状，分块包装后出口到美国，然后我再托人从美国购买，远渡两次重洋后辗转来到上海，方能成为我的席上佳肴，这岂不是真正的"出口转内销"吗？

这种脱水的黑木耳小块，一大盒有几十小盒，每一小盒里有一块塑料纸包着的黑木耳压缩块，大小只有新式的火柴盒一般，若是说到老式的"自来火"盒，则一盒可以放两块了。

就是如此"娇小"的一块，放到一大缸水中，便如石沉大海一般，静静地沉在缸底，丝毫没有动静。我也没有兴趣细细观察，让它去吧。大约半小时以后，整个缸里一如被施了魔法一般，一朵朵的黑木耳就盛开在缸中。真没想到掂在手里毫无分量的一小块东西，竟然可以变成一只大碗都装不了的"新鲜"黑木耳，变成了如此饱满绽放的花朵，每一片都晶莹圆润，虽然是黑的，然而不是死气沉沉的黑压压一片，每一朵都争先恐后地冒上来，实在是生意盎然。

这就是极好的黑木耳，一泡即发，一发即大，且无根无沙。若是质量稍次的，可以多浸一点时候，期间时不时地用手抓挠几下，把嵌在耳片之间的泥沙清洗下来。

浸多少时间？完全取决于木耳的质量。在浸发涨大之后，要仔细地观察每一朵黑木耳，有些黑木耳有很硬的根部，要用剪刀仔细地修去；有些黑木耳很大，一口吃不下去，要将之剪开，变成几块，物尽其用。

每一片都要仔细地看一下，特别是接近根部的地方，有没有泥沙"吃牢"（粘）在上面。由于黑木耳被晒干，泥土中本来含有的水分也蒸发掉了，当然就会牢牢地粘在黑木耳上，这样的泥沙，要用手指就水撸去，然后再将黑木耳洗净。不像浸香菇的水，浸黑木耳的水没啥用，直接弃去即是。

用一大锅水，将黑木耳放入，水要盖过，放一点盐，然后就盖上盖子煮吧。煮多少时候呢？还是取决于黑木耳的质量，我说的那种极好的，大约煮二十分钟，黑木耳就软了，丝毫没有生腥气，已经可以食用了。

质量稍次的，需要煮多一点时间才能软化，然而再次一等的，反而是一煮即烂，所以究竟煮多少时间，真的很难有一个标准，大家还是要取"小样"来试验一下。

煮好黑木耳，用凉水冲透，沥干，即可凉拌。最简单的就是浇一点酱油，或者糖醋汁都可以，然后放上一点麻油，拌匀就是一道菜了。

这里介绍一道"芥末黑木耳"的做法，一道很有特色的素菜。

芥末，我们都知道日式料理店里有，吃鱼生刺身的时候，就蘸芥末酱油食用。其实大家可能不知道，芥末，也是东北盛产，只是当地唤作辣根罢了。用东北特产拌东北特产，所谓"老乡见老乡"也。

煮黑木耳的时候，放过一点盐，而后又冲洗过一次，所以盐分所留无几，只是有丝丝的咸意而已，因此，还要放酱油或盐。若放酱油直接倒入即可，或者放盐，要事先用水化开，由于木耳的形状古怪，直接撒盐无法均匀吃透咸味。

还有芥末，也要用水化开。芥末的味道很冲，一大碗黑木耳，只需要刷牙挤牙膏般的一条即可，如果说大家刷牙用量不一，那么就照在电视里做广告的标准即可。挤一条芥末，用温水化开，搅匀，浇淋在黑木耳上，拌匀就可以了，还挺方便的吧？

若是还想方便，可以买市售的芥末油来用，此物只有中国有，日本是没有的，以此也可证明芥末本是国货而非东洋出产。芥末油透明或是微黄，可以直接使用，只需十几滴，就够一碗使用了。

冷拌芥末黑木耳是挺有创意的一道菜，有的朋友喜欢辣，可以用泡椒将黑木耳腌起，等味道吃透了再食用。黑木耳就是如此的小东西，不但可以用在别的菜里，也可以单打独斗唱主角，可荤可素俱相宜，大家在想不出菜的时候，大可试之！

●●● 冷拌金针菇

　　微博虽然没有 Twitter 那样自由，但还是蛮好玩的，因为微博上中国人多，中国人多的地方吃的东西也多，每天都可以看到许许多多的朋友在微博上贴各种各样的吃食。我也开了一个"深夜发吃兴趣小组"，让大家看得直呼肚饿。

　　有中国人的地方，就是江湖，江湖恩怨是非多，这不，微博上又吵起来了。事情是这样的，一开始呢，有一位叫做"食与家"的人发了一条介绍"糖醋炸鱼排"的微博，里面特地夹了一个某品牌酱油的标签，很明显是条"软微博"。

　　要做广告当然要想看到的人多，于是就被我的好友"我是 Yoyo 同学"看到了；Yoyo 表示此品牌酱油"基本都是味精调制的，口味极差"。好喽，一场大战正式开始。

　　食与家一开始并没有表明身份，只是说该品牌酱油"之所以鲜是因为经过了 6 个月恒温发酵而成，并未添加味精"，谁知认真的 Yoyo 特地去找来了该品牌酱油的瓶子，发现配料表中赫然写着"谷氨酸钠"，便再找食与家理论。

食与家愣是嘴硬，表示"大豆在发酵成酱油时会生成很多氨基酸，也会生成谷氨酸"，所以并不是该品牌添加进去的。可是这句又被Yoyo拿住，讽道："如果生成的东西也加在配料表里面，那你的配料表直接写两个字，酱油！"由此开始食与家一败再败，及至最后食与家不但暴露了身份是该品牌的官方人员，并且只得承认加了味精，终于只能勉强说"所以酌量加入了谷氨酸钠来使其口感更加柔和"（以上引用全为原话）。

我很好奇地去找了瓶该品牌酱油来，在食品添加剂栏目中写着"谷氨酸钠"和"5′-肌苷酸二钠"，后者的呈味作用比单用味道高数倍，有"强力味精"之称。

其实，酱油中加味精，根本不是什么稀奇的事，味精不是毒药，吃多了也吃不死人。但做生意，讲究的是老老实实，加了就加了，承认一下又有何妨呢？偏要打着纯酿造的幌子，做"挂羊头卖狗肉"的勾当，那就不对了。

我在以前的书中写到过一种海鸥酱油，那是正宗的上海酱油，既有鲜味咸味，也有颜色。谁知等我文章写完，广式酱油大举侵入上海，不但把海鸥酱油打得无影无踪，就是酱油的用法也起了很大的变化。现在普普通通的上海家庭主妇，都知道生抽是调味用的，老抽则是增色的。

说到骗人，我还想起了一个段子，是姚荫梅先生的弹词《双按院》中的，说是书中的道观素斋特别好吃，外人不晓其中秘诀，其实全是用鸡汤吊过鲜味的。可见鲜味一事，自古以来弄虚作假的多。说到这个，我前几天也干了一回，拿出来告诉大家。

那天我买了一块肉，一捧金针菇，肉做了白切肉，于是多出来一大锅肉汤，弃之可惜，便用肉汤烫了金针菇，再用生抽拌起，果然鲜美无比，只是不知是肉汤的鲜呢，还是酱油的鲜，或许都有吧。我这就来告诉大家这道菜的做法，让你也"尝尝鲜"。

金针菇要买黄黄的，太白的都靠不住，大多经过硫磺熏制。你想呀，这玩意既然叫做"金针菇"，那当然得有金色的，没有金色怎么也得是黄的，若是全白的，应该叫做"银针菇"才对啊！

黄色的金针菇，要象牙般的黄，颜色要均匀，要自然，而且绝对不能一摸手就发黄；这年头假货实在太多，你要黄的，他就给你染黄的。现在的金针菇都是人工培养的，所以如果菇尾有许许多多的泥土，那根本就是摊贩为了增重涂上去的。金针菇的水分很多，但水分是在里面，如果摸上去摸了一手的水，那也是奸商为了增重洒上去的，增加点重量倒也罢了，谁知道那水干净不干净，同样买不得。

金针菇的伞帽很小，但再小也是菌帽，所以买的时候，要看看伞帽是否完整，如果七零八落的，那表示已经不够新鲜。金针菇价格不高，所以即使去好一点的涉外超市买，一把也不超过 10 块钱，而且弄得干净，当然可以一试。

买来的金针菇，尾部的根还在，这一截的颜色比菇柄更深，简单的做法就是齐根剪去，省得清理上面的培养基和木屑了，而且根部太细，也没什么吃头。

然后很简单了，烧一小锅水，当然有肉汤的话也可以，待水沸之后，将金针菇放入，烧煮四五分钟，等金针菇软化变熟之后撩起，用冷水淋过。有些金针菇的尾端还粘在一起，用手仔细地将之撕开，否则一筷子下去一大坨，那是饮牛饮驴的吃法。

将水沥干，放在盆里，倒入麻油少许，生抽少许，拌匀即可。纯用生抽，只是取其咸鲜，若再放老抽，则颜色过深不讨巧。至于用什么生抽，全凭你自己爱好，但我想，你一定会挑说实话的酱油。

●●● 腌萝卜

　　大家知道，我信佛之后，就戒了五辛，为此还经常被网友们诟病，说时常见你今天大肠明天蹄髈的，信个什么佛呀？我没有本事来讨论宗教的本身以及自己如何对待的问题，反正我不吃五辛就是了。撇开宗教的信仰不说，至少在次日要去公共场合的，不宜多吃蒜韭。我曾经好几次在挺大的场合上，见到某位靓丽如花的知性白领，结果一交谈，就被熏了个不知东南西北，真正只能做"闭口西施"了。

　　所谓的五辛，是五样辛辣的东西，其实是个泛指，并非特指，你说要是蒜泥白肉之类的，刮掉点蒜泥只吃肉倒也无妨，若是清炒的韭菜之类，我是绝对不碰的。我记得有位法师曾经说起过，若是作为调料的辛香料，吃点也不要紧，但如果此是主料的话，就吃不得了。引申开去，如果少吃点并不会影响口气，那也无所谓，要是吃了张口就臭，甚至还要到地铁、公交上去臭别人，那就是再好的东西，也不能吃了，这是做人的基本道德，想来不必多言。

　　要是追根溯源的话，我不吃辛辣，在信佛之前已经开始了。那要从我小时候说起，那时我住在愚园路的中实新村，算是整条路上最好的房子了，由于是新式里弄，不若石库门房子那样七十二家房客，所以小朋友们也比较少。我至今依然记得那是一个大年夜，我口袋里塞了许多炮仗和烟花，那时放炮仗可不像现在一串串放的，都是买来一串后拆开一个个放的。那时弄堂的十四号里有一家山东人家，他们的家境并不是很好，所以那个比我小一二岁却比我高一个头的"小山东"没有炮仗放，但他也来凑热闹。

记得他是拿着一截萝卜来凑热闹的，一截雪雪白的看上去晶莹闪光的白萝卜。小时候，家中的萝卜都是红烧的。话说萝卜这玩意和茄子一样，除了凉拌之外，要热吃的话一定要油多，弄一锅小排骨炖汤，加几块萝卜一起煮，萝卜吸透了肉汤之后，不但使汤不腻，萝卜也鲜美无比。可我小时候，物资匮乏，怎么可能有一锅小排骨，就说红烧萝卜吧，也是一点点的油加许多水烧出来的，怎么会好吃？所以在我的眼里，萝卜是个不好吃的东西。

可是那天晚上，我们都在弄堂玩，大年夜嘛，小孩子都是不睡觉的，不像现在的小朋友，哪怕年初一还要练两小时琴什么的，我们那时一个寒假除了玩还是玩，职业玩家是也。我在放炮仗，小山东在吃白萝卜，吃得很香很香，一口一口还带着脆生生的咬断声音，难道萝卜会这么好吃？

接下来的事实，谁都猜得出来，当然是炮仗换了萝卜喽，那个后悔啊，至今犹记。我依然能记得小山东拿到了炮仗的高兴劲，也依然记得我咬了一口萝卜后辣得眼泪都出来的狼狈样。白白的萝卜，为什么会这么辣？

那么多年以后，我从来不吃生的萝卜，一直要到日本菜传到中国，我才开始吃一点腌萝卜，由日本菜而中国菜，渐渐地爱上中国自己的腌萝卜。中国之大，萝卜的品种很多，腌萝卜的方法就更多，我猜想，有心人哪怕就腌萝卜，写一本书出来是绝对没有问题的。

我为什么爱吃腌萝卜？因为腌萝卜是没有丝毫的辣味的，好的腌萝卜必须没有辛辣的味道，我就来说一种上海传统的糖醋腌萝卜吧。

去买一根白萝卜，要挑白的，水灵的，自不必多说。大家要小心哦，萝卜有可能是会空心的。不知道什么原因，有些萝卜是空心的，上海话叫做"空心大萝卜"，后来又引申出"空心大佬倌"一词，用来形容那些看上去打扮成富家公子的男人实际上却没有什么钱，更多的时候用于装成阔佬骗女人的情况。

空心的萝卜，大大的一根，掂分量却很轻，那样的萝卜，不要说腌萝卜，什么菜也做不成，千万要不得。实心的萝卜，当然沉沉的，越沉的萝卜水分越多越新鲜，我们要的就是那种。

上海的酱萝卜，就是用长长的白萝卜来腌的。买来之后，将之洗净，然后就可以练练刀工了。萝卜、冬瓜、土豆，都是很好的练刀工的东西，别说厨师了，哪怕剃头师傅，都用冬瓜来练。腌萝卜，就是一个很好的练刀工的机会。先将萝卜沿纵向一剖为二，这样就可以平平地放在砧板上了；然后垂直地切片，与切冬笋不一样，冬笋要斜着切，切出的片是椭圆形的，腌萝卜要求截面是圆的，所以只要直着切就可以了。

厚薄是个很讲究的东西，上海有种酱腌萝卜是厚切的，但是不适合初学者调弄，还是切得薄一点，效果更好。那么到底是多薄呢？比一个一元硬币厚一点又较两个来得薄一点，当然如果刀工一般的话，稍微厚一点点也没关系，反正是亲手做出来的东西，一定会喜欢的。

忘了说一点重要的事了，所有的腌制菜泡菜，都不能沾到油花，所以刀要洗净，砧板要洗净，都要用开水烫过；手也要洗净，用肥皂多洗几次。另外，萝卜如果用水洗过之后，要先擦干，然后再晾干才能切。我家的保姆，不管腌什么都会腌坏，不是烂了就是霉了，要不就是臭了，她说她这种的有个名字叫"臭手"，专门用来形容腌菜会腌坏的人，估计这是她们那里的方言，我就不知道了。

其实，不要"臭手"的话，就是要洗净，不能沾油花，不能沾生水。很多人都听说过腌菜不能沾水，其实那是片面的，是指不能沾生水，有了自来水还可以，如果是井水、河水的话，没有经过烧煮，里面含有大量的微生物，用来腌菜，怎么会不出问题？

容器也不能有油，以前是用泡菜坛子，很大的一个，后来韩国人因为腌泡菜，发明了 Lock & Lock，一种塑料的或是玻璃的保鲜盒，那玩意同样可以隔绝空气，用来腌菜真是不二之选。中国传统的泡菜坛，的确很好，而且巧妙地运用了水封的方法，来隔绝空气，但是陶制的缸厚重不说，还看不到里面的动静，如果一下子腌几种东西，还要认清哪个缸是什么，而保鲜盒就方便得多，不但可以看到里面是些啥，而且哪怕放冰箱，也很省地方。这玩意不但可以腌菜，还可以带饭装剩菜，真是一举多得。

废话少说，准备一个干净的保鲜盒，最好家中准备一个新的盒子，专门用来腌菜，那样就没有沾到油花之虞了。将切好的萝卜片放到盒中，然后用盐腌起，大致的盐量是一把萝卜片用一小勺的盐，这个勺是很小的，就是调料缸附送的那种。将萝卜片和盐放进盒子，盖上盖子，然后用力摇晃一下，让每一片萝卜都吃到盐。

然后就放在一边，想干什么干什么，让萝卜就静静地躺着吧。每过一个小时，就去拿起盒子来用力晃一下，上上下下颠倒一下，然后再放着。这样的话，要放四至五个小时，才会让萝卜没有丝毫的辣味。好在是透明的盒子，你会发现盒子里会渗出水来，水会越来越多，到最后，一盒的萝卜，会有半盒的水，萝卜也变成只有半盒了。

然后是个很累的活了，还是需要把手洗干净，用肥皂洗上两回，再将萝卜片一片片地取出来。那时的萝卜会变得很软，将每片萝卜一折为三或四，用右手的食指、拇指和中指捏住，再用左手加力，尽量把萝卜片中的水挤出来。千万不要偷懒哦，有些人贪图快速，一把一把地放在掌心来压，这样的做法，真是功亏一篑啊；必须要一片片地用手将水分挤出来，那样才会保证每一片都爽脆鲜香。

将每一片萝卜都挤干之后，要用冷开水洗净。冷开水是熟水，就是放冷了的开水，上海话中没有"凉"只有"冷"，所以是"冷开水"。用冷开水将萝卜片仔仔细细地洗干净，然后将萝卜放在干净的淘箩里晾起来。

把盒子重新洗干净，一样也要晾干，待萝卜晾干之后，将之放回盒子里，然后要放生抽、米醋和糖。生抽的量大概在每两把萝卜一调羹，醋和糖也相仿，然后同样将盖子盖上，摇晃到位即可。

有空的话，就每过几个小时去摇一摇，想要吃的话，其实也可以吃了。如果腌上两三天，味道是最好的，保证既没有辣味，还又脆又鲜又甜又酸。萝卜可以从盒子里拿出来胡乱地放在盆子里，也可以很考究地两个两个半圆拼起来，拼好一个圆，换九十度再拼一个圆，这样一层一层地码起来，看起来就比较精致了。由于腌过的萝卜，圆周会比半径上的厚一点，所以码的时候要动些脑筋，大大小小的错落开来放，那样码起的才是一个完整的圆柱体。

如果想要多吃几天，就是"停腌"，将盒子里的汁水全部倒去，然后将萝卜片拿出来放在阴凉处晾干，就可以放上一段时间了。吃饭也好，下酒也好，都是不可多得的美食，特别是上海人吃泡饭，简直就是神来之笔啊。腌萝卜加上清清爽爽的泡饭，那才叫上海人的生活。

上海人的生活，从来都不是豪华，而是精致。

●●● 咸鸭肫

我们知道，上海菜除了本地的烧法之外，还受了浙江和江苏很大的影响，其中又以宁波、绍兴、镇江、扬州、苏州、无锡、常州等地的借鉴为多，打造了上海菜式丰富多彩的变化。

许多国外机构的行政规划中，都把安徽一起划归上海的公务辖区，上海的办公室，往往分管江浙沪皖四个地方，这是有道理的。安徽与苏浙毗邻，现在徽杭高速、徽宁高速都修建完善，从上海到安徽其实很快。

上海菜受徽菜的影响很小，那是因为过去的交通不便，所以许许多多好吃的，都没有传到上海来。"臭名昭著"的臭鳜鱼，我一直要等到徽杭高速造好，才有机会驱车屯溪，得尝名物；更有毛豆腐，就是长满了毛的臭豆腐，也是要等我到了安徽才有机会吃到。

倒是有一样东西，很早就传到了上海，那可是地地道道的安徽特产。

与我年龄相仿的朋友一定还记得，小时候有一种纸包的鸭肫肝，一个白色的纸包，软软的手感，摸上去有点潮湿，打开之后，有一种诱人的香气冒出来，里面有着七八片暗红色的鸭肫。这种鸭肫的味道特别香，不是杀完鸭煮一下就可以出来的；不但是香味，口感也是家里做不到的，吃上去有点硬，肉质相当紧实，有嚼劲，在咀嚼的同时，让人产生一种欲罢不能的感觉，一小包东西，眨眼之间就吃完了，心中暗骂一句"这么少"。

这种纸包的鸭肫，最有名的是稻香村的，其他还有全国土产商店和真老大房有售。后来不知怎么的，稻香村关掉了，全国土产商店也不卖了，唯独剩下南京路上的真老大房，还有一个小柜台在卖，只是今人都不识货，生意也就一般。

鸭肫，上海话一直叫做"鸭肫肝"，只指鸭肫不指肝，使之一如"妻子"一般变成了一个偏义复合词，甚至在大多数的小包装熟鸭肫的袋子上，也赫然印着"鸭肫肝"，你要买回家发现只有肫没有肝再回去"倒扳账"的话，一定会被人笑"洋盘"的。

虽然现在立丰、来伊份、阿明等等熟果熟食大品牌，都有小包装的鸭肫出售，但是口感偏酥，味咸而不香，远远不能和我们小时候的那种纸包鸭肫来比。

纸包鸭肫其实不是上海货，而是安徽来的，这种鸭肫事先经过腌制脱水，因此可以久贮以及运输。时至今日，南货店里依然买得到腌好挂着的原材料，一般是十只一串，用麻绳在每只鸭肫的当中串起，一卖就是十只，要吃的时候，吃几只就剪几只下来。

安徽的这种鸭肫是干的，不知是不是"鸭肫干"变成了后来的

"鸭肫肝"，反正买这种鸭肫的时候，要挑干的买，越干越硬则佳。鸭肫的表面会有一层白色的粉状物，要仔细地看一下，如果有霉花，就不能要了。鸭肫也是有脂肪的，有脂肪就会衰败，所以买的时候要闻一闻，如果有"油耗气"，也不能买，有久煮不散的恶心气味。

风干鸭肫买回家来，是没法直接吃的，甚至不能直接煮，那玩意又干又硬，切也切不动，煮也煮不烂，所以先要浸发。很简单，从绳子上剪两个鸭肫下来，外面有油，先用温水将之洗净，然后就浸在清水里，水要盖过鸭肫。要浸多少时间？要浸一天一夜。如果第二天的晚饭要吃，那么在准备今天晚饭的时候，就应该将之浸在水里了。

一天一夜浸下来，原本干瘦干瘦的鸭肫又恢复了生气，有点精神了，用温水再次洗净后，就可以煮了。浸要许多的时候，煮却无需，从冷水点火开始，大约二十分钟即可。在煮之前，将鸭肫放到锅中，用水盖过，放入一片桂皮、一个茴香，再放入十几粒花椒，倒过一点料酒，就可以开火煮了，其间不用转火，大火煮上二十分钟，注意不要让水烧干。

煮好的鸭肫，要用冷水过一下，上海话叫"激一激"，否则的话，容易焐酥鸭肫失去口感。不能在热的时候切，首先这个东西是实心的，蓄热量很大，拿也拿不住；其次热切的话容易碎散，不如冷切来得好。

待鸭肫冷透，就可以切了，虽然经过浸发和烧煮，但还是挺硬的，所以需要一把薄一点快一点的刀。将鸭肫放在砧板上，一刀刀地来切，切的时候刀面不要与鸭肫垂直，垂直的话切出来的是小圆片，刀要斜过一个角度，那样就可以切出较大的片来。切的时候，手里要有分寸，越硬的鸭肫要切得越薄，那样才咬嚼方便，如果烧煮不得法，将鸭肫炖得酥烂，则反而要切得厚一点，那样才有嚼劲。

将鸭肫装盆，作为小食，饮酒喝茶都相宜。有闲工夫的朋友，可以做好切好之后放在瓶中，想吃的时候随时可吃。若是当菜，放上一两片香菜叶子，则更添色相。

本文完稿之时，有朋友告知稻香村又恢复营业了，而且风干鸭肫依然是主打产品，美味依旧；另有真空包装的鸭肫，无论从色香味来说，都是"李鬼"，万万不可上当。

●●● 糟凤爪

　　我是坚持鸡要买黄脚的，青脚的固然有些人认为烧出来更香，但我总觉得品质不佳，而且看着不舒服，美食的首要条件，就要看着舒服。

　　我在微博上发表了这个论调，于是朋友们每每买了鸡回来，就拍张照上传，然后问我："这算不算黄脚鸡？"这些鸡有刚买来的，也有剁成块腌着的，还有已经烧好的。

　　这些鸡都不错，但是既然叫我看鸡脚，我当然就会对着鸡脚多看几眼了，一看就看出问题来了，有好多朋友烧鸡的时候，鸡脚上的趾甲都没有剪去。

　　你想一只鸡爪，伸着"纤纤玉手"在那边，如果趾甲没剪，那是很明显的。若是一盘炒好的红烧鸡块，面上放着一只鸡爪，而每只爪尖都留着一个长长的趾甲，趾甲里还留着红烧的汤汁，某只趾甲上还挂着一根酥烂的葱，那是怎么样的一个场景哪？

　　我极痛恨两件事，一是男人留指甲，二是鸡爪留趾甲。

男人的手，应该细细长长的，大而有力，就算是长得胖胖短短的，也不应该靠指甲来增加长度啊！当然，有些男人可以例外。

这些男人首先包括古代的读书人，古代的书纸张很薄，如果天气再一潮湿，很容易粘在一起，读书人当然不可以用手指沾一下唾沫去黏着纸翻，于是他们要留指甲。

听说书的都知道，以前的读书人是留指甲的，为了翻书。那么到底是怎么留的呢？很多人不知道，都以为是留食指和拇指，像镊子一样夹起书页来翻的。

其实不然，不信的话你去试试好了，如果食指和拇指都留了长长的指甲，不管以前的线装书还是现在的铜版纸，翻起来都不会方便的。这也是我为什么痛恨外面有些男人留着长手指甲的原因，那些男人肯定是不看书的，不看书的男人被人看不起也是正常的。

古代的读书人留的是大拇指的指甲，而且留得很长，翻书的时候，就把指甲插到两张书页中，往上一掀就翻过来了，很像现在的书签是不是？中国古代的读书人，是除了读书之外什么事都不干的，所以指甲留得长一点，也没关系。

还有哪些男人可以留指甲呢？说书先生，说书先生要弹弦子，所以要留，由此引申出去，玩拨弦乐的，的确可以留些指甲。再有？养鸟养虫的也算吧，有时候喂食的时候需要用指甲挑食，勉强可以算是可以留指甲的吧。

再有，再有我就说不出来了，所以除了这些男人，留指甲的我都极痛恨。

我也很痛恨鸡爪留着趾甲，我很奇怪为什么留着趾甲的鸡爪也有人吃，难道看着那些硬硬的甲质，没有任何的障碍吗？人，有时还是要稍微讲究一些的。

为了让那些调弄鸡鸭的朋友永远记得要剪趾甲，今天就一起来做一道要剪趾甲的菜，一次剪个够，重复一个概念，以增加记忆。

今天要做的是糟凤爪，凤爪当然就是鸡爪，只是为了好听罢了。别以为这是一道普通的菜，在过去，这可是一道极有派头的菜呢！

吃鱼吧，一条两条，哪怕鲥鱼、河豚，总是弄得到的；吃鸽子吧，一只两只，杀了炖起就可以了。偏偏想吃凤爪，就麻烦了。以前的吃法，除了猪牛羊之类的大家伙，其他的食材，都是活的买来自己杀自己弄的，哪怕是大户的人家，若是要吃一盆凤爪，不管是炖是炒是烧是糟，不还得杀个十来只鸡吗？鸡又不能剁了脚再养着的，但是难道东家吃鸡爪，给西家吃鸡？好像没有这种道理吧？

所以在过去，糟凤爪是件极其夸张的事，一般人想都不敢想。后来有了大城市，有了大酒店，就稍微好一点，但是依然是件稀罕事物。我相信，像我这个年纪的朋友，一定想象过一只鸡可以有八条腿、八个翅；没啥，那时教育孩子不像现在这样，好东西一定是给长辈吃的，所以很多小朋友都只能眼睁睁地看着父母把鸡腿、鸡翅夹到祖父母、外祖父母的碗里，自己只能馋馋地咽咽口水。

一直要到大规模饲养、屠宰、分装的理念到了中国，单独买凤爪才成为可能。再后来，肯德基进入中国，我们才知道原来鸡也是可以这么吃的，可以只吃鸡腿，可以只吃鸡翅。现在更容易了，任何一家菜场都可以买到分装的鸡，想吃什么就是什么，我们就去买些鸡爪来做糟凤爪吧。

不用买整只的鸡脚，现在有鸡脚的前段，也就是单独的凤爪。买凤爪的时候，要挑颜色正常的，什么叫颜色正常？买过活鸡没有？剥去脚皮之后鸡脚的颜色就是正常的，哪怕鸡腿是白的，也是微黄的白，有些摊上的凤爪白艳如雪，那是用化学物质浸泡出来的，买不得。所以要买白色带微黄的，颜色均匀的，有些凤爪上有黑色青色的块状，那是受伤以后的淤青，洗也洗不去，煮也煮不掉，不能要。凤爪要大小相仿，太大的和太小的都不要，否则成品不均匀，卖相不好。

第一次做的话，少买一点，十只好了。买回来之后，冲洗干净，洗的时候仔细地看一下，若有没有剥尽的脚皮，要剥去，每个脚趾之间都要掰开看看，一个都不能漏。然后就要剪趾甲了，十只凤爪，四十个脚趾，经过这回的操作，你永远都会记得凤爪要剪趾甲的。用一把厨房剪，将每一个趾甲都剪掉，现在整整齐齐了，是不是看上去很好看？

外面做的话，会用整只凤爪来糟，但是家中制作，可以将凤爪一劈为二，那样制作，更容易入味，而且每次食入的量减半，留有余地吃别的东西。一只凤爪四个脚趾，从中剁开，一块块也挺不错。

取一个锅，放水，盖过凤爪，有人会放花椒、茴香等物，我认为大可不必，这些香料会夺味，显不出糟香来，上海人的东西，讲究味道纯厚，不是多而杂。若是大家一定要放点东西，那就倒一点点料酒在锅中，可以去腥。从冷水开始煮，用大火，前后共十五分钟到二十分钟，视大家煤气的火力。煮完之后，将凤爪一股脑儿倒在一个淘箩里，放在冷水下冲，至于汤水嘛，也没多大的鲜头，弃亦不惜。

有些朋友，煮完之后就整锅放着，直接倒入糟卤。那样有许多不好的地方，首先，锅中的汤水待放凉之后会凝结成冻，吃的时候，就会粘连不清，不够清爽；其次凤爪被热水焐着，会有太酥之虞；另外糟油碰到热气会挥发，以致最后的成品香气缺失，所以这道菜，一定要经过冷水冲淋。

要用冷水快速地将温度降下来，如此做出来的凤爪才会爽脆而有弹性。冷水冲透之后，用干净的熟水浸透，然后滗去水分，就可以正式地糟卤了。

过去玩糟很是麻烦，要用黄酒洗黄酒的酒糟，这句话听起来很拗口是不是？是的，我们平时所说的可以入菜的糟，是指黄酒的酒糟，而且一定得是黄酒的。酒糟是什么样的呢？和豆腐渣差不多，不过颜色是褐黑的，严格地说，酒糟看上去和泥土差不多。糟还不能直接入菜，要用黄酒来洗，就是将糟放在黄酒里浸透，用手捏散捏透，然后沉淀，再过滤去除杂质，剩下的清纯液体，才是糟油。糟油中还要放入糖桂花以及盐，才能用来做糟卤，听着就很麻烦，而且黄酒和糟以及糖桂花并盐的比例，都很有讲究，弄错一点都不行。

现在不会有人自己做糟卤了，因为上海有许多调料厂都有现成的糟卤生产。上海有一家名店，叫做沪西状元楼，该店以甬式的糟货闻名沪上，如今状元楼也有自己的糟卤产品；另外像鼎丰之类的上海传统工业化酱园，也有制好的糟卤品牌，超市中极易买到。

那就很容易了，将冷水冲透熟水洗净的凤爪放在一个容器中，玻璃的更好，不会有腐蚀容器之嫌。糟货一般来说，以一半糟卤一半清水的比例兑开，大约三四个小时食用最佳。如果时间不够，那就清水少一点；反之如果觉得时间长一点更能入味，那就需要减少糟卤的分量，改用更多的清水来兑。

糟货还是要有点耐心的，不可能一浸就好，若是时间富裕，可以用牙签在凤爪的表面戳一戳，反正牙签的头很尖，不会有洞看得出来，却能吸收糟卤，让味道渗透进去，这样才能做出好糟货来。

"糟货"一词，放在北方语系中，一定是个贬义词；谁成想，在吴语中，糟货与优劣绝无关系，却是一样极鲜香的美食呢？

●●●● 白切肉

"要是吃这种东西你得起早点儿呀，在四更多不到五更天，到市上买，四斤多一块儿或五六斤一块的都有哇，把它买回来，找口大柴锅倒上两挑子水，把它放在锅里边连煮带炖，点锯末拉风箱，那个风箱拉得呼搭搭，呼搭搭；那个水呀，开得是咕嘟嘟，咕嘟嘟！见那么五六个开儿，拿铁钩子把这玩意儿搭出来，用镊子给它那毛都择干净了；可不能下水捅啊，你们肚份软哪，放到案板上给它晾凉了。得用刀子切，是切了片，片了切，切了片，片了切，切个五花三层啊，拿过大炝盘来把碎的码到底下，整的码到上头，倚仗着咱这作料儿刚着得了，有香菜末儿、韭菜花儿、酱油、辣椒油、糖蒜、料酒、大蒜瓣儿，拌好了作料，你拿着筷子扒拉着吃呀……"

上面的这一段，要用方言贯口一口气不打格愣说出来，要带着三分怯意和七分土气，才能让人忍俊不禁。这是传统相声《找堂会》里的一段，说的是一个豆腐摊要找堂会，然后就说到请唱堂会的人吃些什么，反正豆腐摊说来说去就是豆腐，直到说到最后一个大菜，就来

29

了上面的这一段。这种要一大段一大段背的东西，相声里叫做贯口，没个十几二十年的幼功，弄不下来。

这段东西，逗哏的认为是白切肉，大多数人听了这么一段，也大多认为是白切肉，因为白切肉就是这么做的呀！不信？那就来说说家里的白切肉到底应该怎么做。

现在买肉，不用起那么早了，也不用买四斤、五六斤的了，一般的三口之家，买个大半斤肉就可以了，那种五斤的，是给整个戏班子吃的，上海人家没有这种吃法的。当然，去的早一点还是有好处的，上海周边的杀猪场，比如著名的猪肉产地大场，一般都是半夜开始动手，等新鲜猪肉运到肉摊的时候，猪肉还是热的，所以叫做"热气猪肉"。

除了炎热的夏天，还是热气猪肉来得好，哪怕是现在的新技术冰鲜肉，总觉得比起热气肉来，还是要差上一口气。首先，热气猪肉可以非常简单地看出杀猪的时候是不是放血干净，血没放干净的猪，有一股去不掉的血腥味，这也就是为什么去了德国去了美国的中国人一直说没有吃到过好猪肉的原因，那里的猪是电死的，不放血，当然味就大了。

买肉是一定要闻一闻的，不仅是血腥气，还有些猪有"肉膈气"，是养猪的环境所致，百药无救，买不得，倒胃口。

放尽血的猪，其瘦肉是淡红色的，很均匀的淡红色，要不然的话则是深红色的，而且夹杂着血丝。热气猪肉是温的，摸上去软软的，很有弹性，皮是皮膘是膘肉是肉，让本来打算买半斤肉丝的人，一下子买了一刀五花肉外加一斤后腿肉，开开心心地回家做菜去了。

做白切肉，要买后腿肉，大半斤的样子就可以了，要挑位置好的没有筋筋襻襻的地方叫摊主切下一条来。比后腿肉更好的部位是臀尖肉，这是除去里脊之外最嫩的肉，然而里脊太瘦，做不成白切肉，臀尖最好。然而臀尖肉少，所以要去得早。

做白切肉的话，首先要带皮，皮是看得见的，所以不要买那种正好一个检验检疫章敲好在屁股上的肉，否则一盆菜端上桌，大家还能看出养猪场来，那就成了笑话了。白切肉最好带着肥肉，如果只是一张皮一块瘦肉，不但不好吃，还有瘦肉精之虞。

一大块肉，方方正正，非常符合孔子"割不正不食"的谆谆教导，不用切，不用割，拿回家用水洗净，直接加水就可以烧了。家中做不用"大柴锅"也不用"两挑水"，只要取个一般的锅子，水刚巧盖过肉就可以了。锅底不能太薄，太薄的话，接触到肉的地方容易焦。

然后就是煮，现在家里有煤气，也不用风箱，开大火煮就是了。不用加料酒，加了料酒猪肉容易老，热气猪肉不用酒来解腥。一直开着大火煮，如果水沸腾得太厉害，那就适当地关小一点，否则水蒸气跑得太快，倒要加水，反而不便。

煮多少时间？半斤一块的猪肉，大约要半个小时，远远比"五六开儿"来得长。二十分钟左右的时候，用极细的筷子戳一下，抽出来的时候应该看到有血水在汤里冒出来，一冒即干，那就再盖锅煮；之后每过五分钟去戳一下，直到没有血水冒出即可关火。

不要急着切肉，再说这么烫的肉，刀工再好的人也切不薄，热肉是会碎掉的。还有好多事呢，这时的肉其实只有八分熟，猪肉不宜生吃，还是要全熟才好，所以仍旧将猪肉浸在汤里，让猪肉把自己焐透。现在有很多人做白切肉，说是肉不够嫩，没有肉汁，那就是因为炖煮的时间太长，把肉里的汁水都收干了；肉越大，浸的时间则需要越长。

三刻钟左右，半斤的肉，差不多了。此时的汤水也已变温，把肉拿出来，仔细地看一下毛，用镊子拔干净。为什么要煮好了才拔毛而不事先拔？因为现在杀猪的有很多是刮毛而非拔毛的，齐根而断的猪毛，只有在炖煮之后皮肉尽缩的时候才会又冒出来，所以要等熟了再拔。

拔完毛，猪肉应该一点也不烫了，就拿刀片吧，厚度可以视自己的刀工而定，我喜欢片成大约两张馄饨皮的厚薄，那样的话，有嚼劲却也咬得动。由于白切肉不是红烧肉那种久煮的菜，所以太厚的话，还是会有"不酥"的感觉。

再怎么当心切，还是会有碎肉的，而且原来方方正正的一大块，煮好之后一头大一头小是很正常的。不要紧，只要厚薄均匀，肉片大大小小无所谓，有人喜欢吃大的，有人喜欢吃小的，只要不请客，自己吃怎么都行，《清稗类钞》中说要"横斜碎杂为佳"，就是这个意思。

贯口的最后一部分是调料，"香菜末儿、韭菜花儿、酱油、辣椒油、糖蒜、料酒、大蒜瓣儿"，那是北方口重的吃法，上海人没有这么花哨，一般的家庭用个碟子放点酱油再淋些麻油就是极好的调料了，唤作"酱麻油"，是上海人家常用的自配蘸料。

考究一点的，有用蒜泥拌盐的，但是上海也不谙蒜，故此吃的人家并不多。我喜欢做葱油料，具体的做法是熬点葱油，把焦黄的撩走后，倒在一个放了碧绿葱花的碟子里烫熟生葱，等油温下来以后，放点开水在油里，放入盐拌匀，就是很好的蘸料了。此乃家庭秘制，绝不外传。

好了，白切肉说好了，再来对比一下文章开头的贯口，是不是很像？可惜的是那段说的并不是白切肉，豆腐摊说的自然是"本作坊货色"——豆腐渣啦！

●●● 香炸小小鱼

　　说老实话，有一个喜欢钓鱼的朋友真是一件不错的事，只要你不被他"引诱"花重金买了鱼竿渔具加入俱乐部就行。这样的一个朋友，知道大量的鱼类知识，你陪着他钓鱼，他会告诉你什么鱼喜欢吃什么饵；他陪你去菜场，会告诉你什么样的鱼是野生的，什么样的是饲养的。

　　滨滨就是这样一位朋友，他有极丰富的日式台钓经验，在他成功地"转化"了米爸也成为"钓鱼运动员"之后，想来拖我下水，最终以失败告终。虽然我没有成为钓鱼的一员，但不影响我们这些好朋友聚在一起玩。这不，我们几家又去莫干山里住了几天，他们几个天天钓鱼，着实过了一把瘾。

　　从莫干山里出来，驱车回沪，路过一片湿地，名唤下渚湖，风景优美，于是我们"停车坐爱鱼虾鲜"，找了一家临湖的饭店，倚栏观光吃饭。湖面平静，菱叶处处，偶尔有一条小船划过；说是小船，无篷无帆，真就是一条小船。渔人悠闲，船上有一个长长的"丁"字形木架，木架的前端有一片绿色的三角形尼龙网。滨滨说，那个架子是用来捉虾的，把架子伸到湖里，一拉，网里就有虾了，看着真是稀奇。

又过来一艘小船，这回没有虾网了，前后各有一人划着船，船的中间放着一只白色的塑料盒子，盒子的盖子是蓝色的，上面整齐地排列着十几个黄色的小圆盖子。滨滨看到骂了一声："万恶的电工，这就是万恶的电工。"

经常听滨滨提起"电工"，可不是指接电线的电工，而是说那些用电来电鱼的偷捕者。我再仔细看那条小船，那个盒子其实是个蓄电池，蓄电池上接出电线来，缠在一根竹竿上，想必就是整套的电鱼工具了。

滨滨说只要把竹竿放到水里，一通上电，方圆几米乃至十几米内大大小小的鱼都会被电晕浮上水来，这样一来，鱼苗也被电死，长此以往，就要没鱼吃了。

原来，用网捕鱼，网有网眼，鱼苗可以从中游走；钓鱼的人，也是只钓大鱼，太小的鱼即便钓上来，也会重新投回水里。只有电鱼的，才会一股脑儿地将大鱼小鱼斩尽杀绝。

"但凡农家乐里那种干炸杂鱼，每一条都像手指长短的那种，就是给电工电上来的"，滨滨告诉我们。后来，我们一些好朋友，响应他的号召，不再吃油炸小鱼，虽然那玩意很脆很鲜，但是为了以后能有大鱼吃，所以只能忍痛割爱了。

河湖里的小杂鱼，是用电捕的，那海里的小鱼总不会吧？我想到了海蜒，一种上海人用来做汤的鱼，那种鱼甚至比虾干还小，我称之为小小鱼。

海蜒，其实是鳀鱼，一种产量极大的鱼，现在沿海地区养殖海鱼，都用鳀鱼来做饲料，用这种鱼来做炸鱼，也很好吃，是下酒的好东西。菜场里是没有新鲜的鳀鱼买的，要买只有干货。

干的鳀鱼，就是海蜒了，干干的才是好货；海蜒是用盐腌过再晒干的，上海这种地方天气潮湿，盐容易吸潮，所以要干燥的才好。海蜒的样子很好看，大的相当于两个指节的长度，很细很细，小的则短一点，身形同样修长。海蜒的侧面，有一条银线从头到尾，在身体部位分成上中下三层，中间那层就是银色，看着闪闪发亮，如果颜色暗沉，那是陈货，要不得。

有些朋友把海蜒买回来直接油炸，或是用水冲一冲就入油而炸，那样做出来的东西，死硬而咸，不能称之为美味。

海蜒经盐腌日晒之后，体肉的水分消失，所以能够久存，如果要使做出来的鱼好吃，就要让它回软。这点有些像海参一样，晒开之后还要水发才能吃，海蜒也一样。

海蜒的水发就简单得多了，抓一把海蜒，把碎屑挑走，有些断头断尾的，也挑出来弃之，剩下漂漂亮亮整条的。将海蜒放在碗中，用温水浸一下，水要稍微热一点，以便盐分充分溶解；水中放一点黄酒，可以去腥。

不用浸太多时间，半小时左右即可，将水沥干，摊开放在淘箩里稍微吹吹干。起一个油锅，油不能太少，火不能太大，将海蜒一起倒入油锅内，不用怕爆，热油锅里有一滴冷水下去是会爆的，但是更多的冷水反而不会。

油面会翻腾起来，但是不会爆，用镂铲拨动几下，你会感到小鱼逐渐变硬了，待油面平静下来，不再冒泡了，就可以将海蜓从油里撩出来了。

将热的海蜓放在碗里，可以拿一条吃吃看，这时的海蜓并不脆，要等冷透了才会脆。这时吃一条并不是因为馋，而是尝尝味道，因为盐分已经退去，如果不够咸的话，可以撒一点点盐；我喜欢再放个一小撮白糖，趁热拌匀，甜味可以调整口感，提升鲜味。

做好的小小鱼，可以放在瓶里，等到想吃倒一点出来，很脆很香很鲜，既可下酒，亦可佐餐；最关键的，不会吃掉小鱼没大鱼，吃得心安理得才是美食的最高境界。

爽口小菜

Menu

橄榄菜炒空心菜　　黄豆芽炒油豆腐

葱油金瓜　　　　　雪菜发芽豆

葱油芋艿　　　　　糖醋仔姜

油焖茭白　　　　　糖醋松柳菜

手撕包菜　　　　　糖醋红烧海带

自制面筋煲　　　　鲜香椿炒蛋

仿开水白菜　　　　香椿头炒蛋

杏鲍菇拌青椒　　　夜开花塞肉

香菇冬笋　　　　　肉末四季豆

干煸茶树菇　　　　蘸酱洋蓟

●●● 橄榄菜炒空心菜

　　我曾经闹过一个笑话，或者说我曾经参与到一件有趣的事中去。1996年的时候，我开始真正意义上的独立生活，那时我搬了新家，附近没有食肆排档，我要开始真正的"买汰烧"的生活了。有一次，我去买菜，看中了空心菜，我记得是1元钱一斤。打算买，却又懒得回家摘菜，于是问摊主是不是能够代劳，没想到摊主一口答应，于是我告诉摊主"只要杆子，不要叶子"。等我一圈菜买好，回到蔬菜摊，摊主已经把空心菜挑好，一把漂漂亮亮的空心菜杆摆在我的面前……

　　后面的故事就好玩了。第二天我再去菜场的时候，发现蔬菜摊上的空心菜都已经挑好了，叶子归叶子一堆一堆，杆子归杆子一捆一捆，叶子卖1元，杆子卖1块2，真是服务周到。好玩的是，不但是一个摊子，居然是每个摊子都这样卖，估计我昨天离开菜场之后，摊主们召开了"紧急会议"，不但在会议上着实地嘲笑了我这个"洋盘"，还决定以后就将空心菜分开来卖，以满足像我这种"神经病"客户的需求。

真的，我们家的空心菜向来是只吃杆子的，从来没有吃过叶子。后来我问了周围的邻居，原来大多数上海人都是吃杆子的，但也有少数"做人家"的是连叶子也吃的。好吧，我不算是很"洋盘"，邻居们也都是只吃杆子的，于是我继续吃空心菜的杆子，清炒、蒜蓉炒，翻来翻去，也就是这么几样花头。

后来，我家有了保姆，有一次我照样买了空心菜的杆子回来，保姆很是惊奇，问我叶子到哪里去了。仔细询问之后，才知道原来这个安徽保姆，家中就是只吃叶子不吃杆子的，最多也就是在吃叶子的时候，保留一点点极嫩的杆子而已。

原来是这样子的！

在吃惯了杆子后，我也尝试着吃一点叶子，但可能是从小到大的习惯使然，在杆子中放一点点叶子还行，但是只吃叶子的话，还是觉得索然无味，看来是无福消受了。

上海人其实是不叫"空心菜"的，上海人称其为"ong 菜"，写法呢，有点难，最最标准的写法是"蕹菜"，然而这个字普通话念作"问"，大多数上海不识也不会读，所以上海人借用了一个"蓊"来，虽然"蓊"也应该读作"吻"，但是只读半边的话，倒是符合上海话的发音（"翁"在上海话中念"ong"）。

空心菜也叫通菜、通心菜、藤藤菜、竹叶菜、通菜蓊等，广东和香港地区更喜欢用"通菜"这个名字，南乳通菜也是粤港地区的名菜之一。

橄榄菜也是粤港的名菜。严格地说，橄榄菜要算是潮州杂咸一类的，是用芥菜与橄榄经盐制、油爆，最后调味而成的，由于油多，水分又被逼干，因此可以久存，乃是吃潮州白粥的"百搭"。

以前上海人是不吃橄榄菜的，因为没有。橄榄菜调制极其麻烦，不但要有好的芥菜，还要有好的橄榄，非潮州大师傅没有这等的手艺料理，因此上海人无福得尝。现在交通发达，物流方便，各大超市都有瓶装的橄榄菜卖，其特殊的口感与品味，甫进沪上即深受欢迎，我为此还"发明"了一道橄榄菜炒空心菜。

说是"发明"，乃是因为这道菜是我忽发奇想而得，而且我信手拈来之后，查了网络，并没有发现有这道菜存在，那么就算是我"发明"的了。

这道菜，不难，谁都可以学会。虽然简单，却很香很入味，不但好吃，也很好看，是初学者入门的好菜式。

先买菜吧，橄榄菜是瓶装的，挑"广东省著名商标"的买，味道都差不到哪里去。要买就买大瓶的，反正这玩意好吃又经放，乃是居家旅行的必备佳物，大瓶一斤装的大约10元，也很实惠。小瓶的也有，上海立丰就有生产一种"港式橄榄菜"，每瓶38克，市售将近5元，炒一个菜放两瓶，那就大不合算了。

当然还要买空心菜，空心菜有两种，一种是泥土里长出来的，叶小杆细，色呈翠绿；另一种是水田里种出来的，叶大杆粗，色呈淡绿。这两种空心菜，前者硬而后者软，我建议买淡绿色，这回要取其"软"来做点文章。

买空心菜的时候，要用手指甲在根部掐一下，一掐即断的，则是嫩而新鲜的；掐下即瘪却不断的，是不够新鲜的；若是掐也掐不动的，那就是长得太老了，也要不得。

空心菜买来，掐去根部大约半厘米的样子，再摘去菜叶，留少许嫩叶作为点缀，但不要留得太多，会影响口感。

待空心菜挑摘干净，先洗一下，稍事晾干后就要切菜了。大多数人就是将之切成一段一段的，全无美感。听我的，这样切：将三四根空心菜码在一起，切寸许长的段，切完之后，用刀面将之压一下，此时会听到"咔啦啦"的声音，不用担心空心菜会被压碎，将之放在盆里。

将所有的空心菜都这么切开，每一段都要用刀面压过，然后全都放在盆里，最后一起用手抓一下这些菜杆。发现了吗？所有的菜杆两头都绽放开来，成了一朵朵的花，够好看了吧？只有杆粗而软的空心菜才能变成这样，杆细的那种太硬，"开"不出花来。虽说杆粗的软，但实际上是相对而言的，是虽软尤脆的，否则就失去空心菜的意义了。

炒，很容易，少放一点油，因为橄榄菜中还有许多油。起油锅，将空心菜放入锅中，再舀上两大勺橄榄菜，用镀铲将之炒匀，连盐都不用放，就是一道香浓无比的"花朵空心菜"了。大家以后在炒这道菜的时候，要记得是我"发明"的哦！

●●● 葱油金瓜

　　崇明一直是上海的，崇明是一个县，直到现在上海别的地方变成区了，崇明还是上海的一个县。崇明人一直觉得自己是崇明人，有时到市区来一次，他们也说"到上海去"，从来不会说"到市里去"。崇明是长江口的一个岛，的确市区里的人到苏州到无锡，要比到崇明方便得多。但是从另一个角度来考量，崇明方言和上海话的差异，则较上海话与周边地区来得少，除了少数几个常被上海独脚戏用来取笑的字眼之外，交流没有丝毫障碍。

　　崇明物产丰富，别的不说，就是长江刀鱼，即使到了今天，在崇明也不是什么稀罕事物。崇明的"乌小蟹"，是与阳澄湖大闸蟹、泖河的"毛蟹"齐名的上海三大蟹。崇明的蟹较大闸蟹要小得多，而且色青偏黑，故有"乌小蟹"之名。崇明方言中"蟹"与"啥"同音，于是就有了"我请侬吃蟹，但是屋里呒得蟹（没有啥）"之类的笑话。

　　崇明的草头，堪称一绝，叶大茎短，只是过去运输困难，市区人并没有口福得尝，只能加盐腌制存放，到吃的时候再拿出来，这种腌法还有个挺好听的名字，叫做"草头咸荠"。甜芦粟也是当地特产，是一种与细竹形似，又与甘蔗相仿的食物，只是吃的时候不是刨皮，而是用牙齿咬开其节，然后叨着扯开外皮吮汁弃渣的东西。甜芦粟是样极危险的东西，稍有不慎，便口破唇烂，味道虽好，却已多年不见了。

二月河很有名，写了不少的历史小说，大多还被改编成电视剧热播。《乾隆皇帝·日落长河》中有这么一节，说是有个姓汪的妃子，弄了一个新奇的菜给乾隆吃，书中是这么描述的："乾隆看那盘菜，码得齐齐整整，木梳齿儿一般细，像粉丝，却透着浅黄，像莴蓝丝，却又半透明，上面漉着椒油，灯下看去格外鲜嫩清爽。他轻轻抽出手，伸箸夹了几根送入口中品味，一边笑道：'这桌菜有名堂的，青红皂白黄，五行各按其位，也真亏你挖空心思……这味菜是葫芦？是……鸡子拌制的粉丝，也没这么脆的……是笋瓜？笋瓜不带这黏粉嚼口……'"

难怪乾隆不识此物，后来汪氏说："这是我们家乡长的，叫搅瓜——蒸熟了切开，用筷子就瓜皮里一阵搅，自然就成了丝儿，凉开水涑过一拌就是。"估计许多人看了这"搅瓜"不知何谓，其实这就是崇明最最出名的"金瓜"了。

金瓜，据说最早源自南美洲，就是现在墨西哥那里；也有种说法是印度来的。但是不知道怎么一回事，这样东西到了中国以后，莫名其妙地到了长江口的这个小岛上，并且生根发芽结果了至少几百年，最终成为当地所特有的物产。好在金瓜易于存放，使得上海以及周边的朋友也得以尝此美味。

金瓜是夏季的产物，以往盛夏之时，上海的菜场颇多此物，只是近来愈来愈少，几乎到了可遇不可求的境地。如果有机会买得到金瓜的话，不妨来上一只，制作一道葱油金瓜，改善一下伙食，还是不错的选择。

金瓜皮色金黄或淡黄，长得有点像是立起来的南瓜，其形状和外国人万圣节用来做灯的那种南瓜差不多，只是按比例缩小罢了。金瓜要挑重的，同样大小的金瓜越重越好；要挑表皮完整没有疤疮没有破损的，表面按上去要硬，如果某个点上按着是软的，那说明已经从里面烂了出来。

金瓜买回家，将之一剖为二，挖出里面的瓤籽，边上窸窸窣窣牵着瓜籽的东西一概弃之，反正瓜大，稍微浪费一点的话可以保证口感均匀。挖净之后，撒上少许的细盐，将金瓜腌上一两个小时。

拿一个大锅子，放水，然后将金瓜坐在一个大碗里放入锅中蒸。一定要看好时间，时间短了做不成，火候一过则金瓜酥软不可食也。

蒸十五分钟，记得，十五分钟，两半金瓜要分两次来蒸，每次都是十五分钟，反正先蒸好半只调理的时候，可以蒸另外半只。蒸好的金瓜，立刻拿到冷水下去冲，切记切记，要冲透，余热会焐酥金瓜，得不偿失。

拿一双筷子，调羹也可以，在切开的瓜中搅一下，只需搅上三五下，整个瓜肉就变成一丝丝地脱开瓜皮，很神奇是不是？瓜丝是淡黄色的，有手将之从瓜里取出，一定会有那么几块瓜肉没有变成丝，小心地将之与相连的瓜丝取下，瓜肉则弃之。半个瓜可以有满满的一大碗，如果冲洗的时候不是用食用水，就用凉开水浸泡一会儿。

金瓜丝有好多种吃法，偷懒的话只需要放点盐，拌拌就可以吃了；追求口味的可以用糖和醋来拌，但是忌用深色醋，金黄的瓜丝着了黑褐，让人提不起食欲。有些朋友追求更繁复的制法，将萝卜切成丝拌在一起以增加爽脆的口感，要注意萝卜丝不能太多，太多则辣。还有考究的做法是将金瓜丝与海蜇丝同拌，别有风味。

最最传统的吃法是用葱油，起一个油锅，先熬葱白，待葱白焦黄后撩出弃之，再放入切成细末的葱绿，待到葱绿变色，则将油连葱浇在撒了细盐的金瓜丝上，拌匀即食。葱油扑鼻，瓜丝爽脆，是夏季的好东西。

过去有种做法是用开水烫，一勺勺的开水往瓜里浇，浇几下开水，刮几下丝。我实践过这种做法，可谓劳民伤财是也。

吃金瓜的时候，如果再加上一块现蒸的崇明糕，脆香伴着软糯，虽是农家小菜，但绝对不失文人雅士偷闲的情趣。崇明糕也是当地名点，用新糯米浸泡后打碎，然后边蒸边撒糯米粉而成，除崇明一地之外再无相近之物，别处虽有松糕之类，但相去甚远，不能比也。

如今崇明至上海的跨海大海已经建好，市区到崇明不过"多踩一脚油门"的事，更有江苏的南通、启东等着崇明往那边的隧道建好，以冀"正式融入苏南版块"。到那时，美食就更多了！

●●● 葱油芋艿

　　一年中有三个大节，分别是春节、端午和中秋，三个都是有吃的节，这回要说的是中秋。上海人在中秋，除了月饼之外，还有蟹，持蟹赏月品黄酒，向来被认为是雅事一桩。

　　中秋节还要吃鸭子、毛豆和芋艿。有说"毛豆荚"在上海话中的发音是"毛豆吉"，因此中秋吃毛豆是讨个吉利。据说毛豆过了这天就下市了，中秋吃过之后，要到来年才有新鲜毛豆吃，奇怪的是朱家角一年四季都有熏青豆卖，后来被曝冬季的熏青豆是染色的，才解了我的疑惑。

　　鸭子和芋艿，据说是与抗元的故事有关，说是"鸭子"的发音与"鞑子"相近，而"芋头"的发音也和"胡头"相近，所以吃鸭子吃芋艿，就是要吃元人的意思。芋艿是件挺好玩的东西，可以直接煮了吃，吃的时候再剥皮；也可以剥了皮加糖烧成芋艿甜羹吃。我们今天却来说一说咸味的葱油芋艿。

　　即便不会做菜的人，也都知道用手剥芋艿皮的话手会发痒。前几天上海电视台《星尚》节目中有一位民间大厨就教了大家如何防止手痒，说是剥皮前先将手在醋里蘸一下，就不会痒了。电视中那位大厨果然"像煞有介事"地倒了一大碗醋，将手在醋里浸好了，然后剥芋艿，说是果然不痒。然而那天电视里的芋艿分明是熟的，芋艿生熟是一眼就可以看出来的，生芋艿剥皮是"掀"下来的，很薄；而熟芋艿的话，一定会带到下面的肉，用力一"掀"，就会滑下来，所以那天电视里的芋艿肯定是熟的。剥熟芋艿当然不会手痒，否则大家围坐赏月剥芋艿，个个手痒，还有什么雅兴呀？这样的节目，也真亏他们做得出来。

芋艿是小的好吃，叫做芋艿仔，小的芋艿很糯，长大了就变硬了，再怎么烧最多也是"酥烂"，而不是"糯"。好的糯芋艿，真正是不用咬嚼，入口而化。

超市里有剥好皮的芋艿仔，速冻的卖相极好，个个滚圆，也很小，这种芋艿买不得！这种芋艿并不是手工剥皮的，而是将一大堆芋艿与圆的磨石放在研磨机里磨出来的，不但可以磨去外皮，而且可以将芋艿磨小磨圆。

中秋前，芋艿就开始上市了，不要偷懒，到菜场买没有加工过的芋艿，从头做起。芋艿分为"红粳"和"绿粳"两种，上海人认为"红粳"的更糯，剥开一点表皮，下面的肉外层是红红的，很容易分辨。上海话中"粳"并不读普通话的"京"，而是读如上海话"敲更"的"更"，去菜场时不要说错，被人笑话。

芋艿的样子很怪，圆不圆长不长的，简直就是不规则形状，挑芋芋艿的时候，要尽量挑圆的买，如果没有纯圆的，也要挑两头都是圆的买，一头圆一头长的则不行了，两头都是长的那更要不得。要看一下表皮，如果有一丝丝的白色细条混在毛中，那表示芋艿已经长过头了，这种芋艿吃起来，会有一丝丝烧不烂的纤维，相当影响口感。

我们也可以学研磨机的办法，将买来的芋艿放在一个袋子里，用脚来回地踩和滚，生芋艿很硬，不用担心踩坏，好好地踩上一阵。等到将芋艿倒出来，芋艿上的土和毛就全被蹭掉了，这样就不用浪费很多水来洗了，只要冲一下即可。

踩是踩不掉皮的，还是要剥，直接剥还是要痒的。我听说过一个止痒的方法，说是剥完了芋艿之后，将手放在火上烘一下就不痒了。我没有试过，因为我都是将芋艿煮熟了再剥的。

煮芋艿，有讲究，不能煮得过熟，否则一炒就变成浆了。加冷水盖过芋艿，开火煮五分钟左右即可，不要用热水焐着，倒出来拿凉水浸一下，然后就可以剥了。熟的芋艿皮很容易剥，手也不会痒，不知道为何以前的人都没有想到过。

芋艿剥好，视芋艿的大小切块，如果全是小小的芋艿头，则不切也行。切好块的芋艿，你会发现当中是白的，外面有一圈颜色较淡，那是因为已经煮过一下，外面的熟了。

要准备一点葱，切下葱白，葱绿部分切成葱花。起一个油锅，将葱白放入，改用中火熬制葱油，待到葱白颜色变黄，撩出弃之；然后将大部分的葱花放入油中，切忌火大，火大则葱焦而发苦也。

等葱花也变成黄色，将火开大后放入芋艿翻炒，每一个芋艿都要吃到油。要炒多少时间？葱油芋艿不是炒出来的，是烧出来的，还需要加水来烧。

加一大碗水在锅中，开着盖烧，你会发现芋艿切面上的白色会越缩越小，等到白色不见了，那表示芋艿已经熟了。

熟是熟了，却还没有酥，还要烧一会儿才会酥，熟不熟有参照色块，酥不酥只能用筷子来戳戳看了。此时水差不多已经烧干了，那就再加一点水，不要太多，然后加点盐，翻炒均匀后加盖改用中小火焐上五六分钟，开盖改大火收干水分，撒入多余的鲜葱花，就好了。最后的葱花纯是点缀，不放亦可。

只要芋艿挑得好，一烧即熟，一熟即酥，酥而糯，糯而甜，好好享受一下中秋的美食吧！

●●● 油焖茭白

有一次，和食家饭俞姐姐一起逛菜场，看到有茄子，于是姐姐说："落苏要买杭州呃！"

"哦？"

"那是你说的啊！"姐姐佯嗔道。

"是哦，是我说的哦，可我经常忘记说过的话的。"

的确，我说过茄子要买杭州的，我还说过，茭白要买无锡的。

茭白，我一直记得那种植物是生了一种病才有的，否则的话就是普通的米。为此，有次我甫一出口，就被朋友们嘲笑了半天。后来又去查了资料，才知道我的说法"虽不中亦不远矣"，关键就是那并不是"普通的米"。

茭白的种子是黑色的，那玩意也的确是一种米，叫做野米、茭米、菰米、雕胡米，反正就是一种米，只是不普通罢了。茭白，科学的说法是"菰"，菰茎中会寄生菰黑粉菌，这种菌会刺激薄壁组织的生长，使幼嫩的茎部膨大，最后就变成茭白了。

所以，茭白是一种米，得了病，就变成茭白了，这样的说法，应该也是可以的。而且这种黑粉菌，对于大多数农作物来说，的确是有害的，偏偏寄生到菰中之后，就变成茭白了。说来好玩，茭白的菌是不用培养的，只要种下去，它自然而然地就会得病，就会长粗，就会变成茭白。

买茭白要买无锡产的，无锡最好的茭白种在藕塘里，可能是那边的土质好，也没准是那边的菌好，反正无锡产的茭白，嫩而肥，糯且香，非别处所产可比也。

说到买，无锡茭白和杭州茄子一样，就是漂亮中带着一点点的不完美。杭州茄子与那种一长条的茄子比，是弯弯曲曲的。杭州茄子没有一根是笔直的，许多人不识货，还以为不是好东西。

无锡茭白也是这样，人家的茭白是滚圆的，无锡的则是扁圆的；人家的茭白剥去外壳，从下到上全是光滑的，无锡茭白除了露在壳外的根部的一小截之外，壳里的部分全是毛毛糙糙的。这是无锡茭白的典型特征，不可不知。

买茭白的时候，要挑壳色淡绿水灵的，根部黄是黄、白是白，清清爽爽的。茭白不能老，老了以后"病入膏肓"，会长出黑色的孢子来，最后把整根茭白变成黑的，所以要扯开外面的壳，看看里面的茎上有没有黑点。要用手指甲在根部掐一掐，看看是不是掐得动，掐得动的才嫩。

粗壮的较细小的为好，这种水里生的东西，并不会因为长得大而变老，大的茭白，一般三到四根就可以炒一盆菜了。

每根茭白，只有一层外壳，将外壳撕下。茭白的外壳是撕不干净的，保证会有点留在茎上，要用一把刀贴着茎身从上往下削一遍，削掉留着的外壳，并且顺势削掉最下面一截的外皮，那些外皮还是有些老，削去了更嫩。茭白的里面还有一至两层壳，那些壳很容易被撕下来，而且也不必再削了。

将茭白平放在砧板上，切滚刀块。所谓的滚刀块，并不是刀滚，而是料滚，将刀面垂直切下，刀面的方向与蒋白成一个角度，四十五度也可以，三十度、六十度都可以，切下一刀，即将茭白滚动一下，再切，这样一刀刀切，最后变成一些不规则的块。上海话中，滚刀块也叫随刀块，就是物料随着刀切，随随便便切的意思。

切好茭白，就可以炒了。起一个油锅，切记油温不要太高，否则的话一次倒下去，最先接触锅面和油面的茭白易焦。反正现在的油也没有啥油腥气，哪怕先下茭白再点火也没关系。

翻炒的时候，火还是可以开得大一些的，当然你的手势得快，翻炒一分钟就可以了，让每一块茭白都兜到油，然后放入一点点酱油，翻匀改到小火，将盖子盖上。茭白受热会有水分出来，虽是如此说，你还是要时刻注意动静，万一水分烧干，茭白立刻就会焦掉。

无锡茭白极嫩，好的品种只需要二三分钟即可熟透，加糖收干即可起锅。与油焖笋相同的是，最好不要放水，放了水味道就淡；与油焖笋不同的是，笋有笋节，都可沾到味道，而茭白表面光滑，不易入味，若是倒入极薄的水淀粉，勾个薄芡，倒反而有厚实之感，大家不妨试试。

油焖茭白本是农家极普通的东西，只是农家常用酱烧，较酱油为厚重，如今酱油再施以水淀粉，正好可以弥补。国庆过后就是茭白大量上市之时，无锡周边的朋友，千万不要错过。

●●● 手撕包菜

　　喜欢美食是件很好的事，让人总有件事要做。就拿我来说吧，我从多年前养成了吃饭带相机拍菜肴的习惯，又在两年前开始写自己的"起居注"，记录自己每天吃了点啥，到月底放在网上供大家批评。

　　这样的话，每一顿都得好好吃了，不能敷衍大家，当然更不能敷衍自己。于是除去在家吃饭之外，每在外面进食，总是好好选店，绝不街边随便吃点米粉、麻辣烫了事；特别是在旅行的时候，坚决不以果腹为目标，而总是好好点上当地的美酒佳肴，吃个痛快。

　　我特别讨厌当我在外地的时候，有人请客吃五星级酒店的自助餐，因为这种自助餐，都是大同小异的，场面上的事，吃也吃不好，不吃又不行，浪费了时间不说，还浪费了好好品尝当地美食的机会。每多吃一顿这样的东西，就要浪费一顿的时间和食量，太不合算了。

　　我还有一个习惯，于品尝美食的同时，还喜欢探究食物背后的故事，有时能给自己的人生获得极大的启发。我曾经在成都大慈寺对面的左记与老板深聊数次，以他为榜样更加看淡名利，得以更好地行走于美食之间（详见拙著《寻味记》）。

据说那家店在今年由于成都的市政建设关掉了，看来老左可以更悠闲了。店虽不在了，菜的味道好似还在，我还在他那儿学了一道菜呢，并且还加以改良了，使之符合上海人的习惯。

手撕莲白。

好听吧？莲白又名莲花白，更好听了是不是？然而它不是白菜，而是一种卷心菜。卷心菜是再简单不过的东西了，要炒得好，四川人深谙其道。你去成都点菜，要么叫"手撕莲白"，要么叫"手撕包菜"，反正都有手撕两个字。以前做罗宋汤，好像只是把包菜切开而已，从来没有用手撕过，不妨依葫芦画瓢，也来试上一试，撕上一撕。

去菜场买一棵卷心菜，现在还有一种新的品种，叫做牛心菜，相对来说小一些，比较适合三口之家的胃口；甚至最近还有更小的羊心菜出来，看到过没有试过。挑卷心菜，还是老话，要挑包得紧的，分量重的，太大的吓人，要量力而行，当然这个"力"是"吃力"喽！

卷心菜要不要洗，一直是有争论的事，但是随着中国的食品安全状态每况愈下，我现在已经不敢建议任何的蔬菜不洗就吃了。所以，卷心菜还是要洗，而要洗的话，如果切开洗还要一片片地掰开，还不如用手撕来得方便呢。

最外面的一层，往往软烂，不如直接弃之，就算色面好，但也容易弄脏，不要也罢。从第二层开始，一张张地把菜叶掰下，最外面的几张很大，可以半张半张地剥，当中的白色杆子很硬，掰不断的话就留在那里好了。

一张一张地将卷心菜掀开，撕下，每一片基本上半个手掌的大小。剥到一半左右，外层的绿叶就变成了当中的白叶，而且不再是一张张的了，而是皱巴巴地挤在一起，这时菜叶已经揭不起了，要用点力将之掰下，菜叶嫩，一掰也就断了，菜杆硬硬的掰不断，于是最后剩下一个全是菜帮子的菜心来，可以弃之。

然后就容易洗了，水中浸透后再清洗干净，最后掰下的那些，可能还是结成一个球，将菜叶分开，就可以准备炒菜了。噢，对了，别忘了沥干菜叶！

当然要起油锅，四川人喜欢吃辣，会先用干辣椒和蒜末炝锅，然而苏沪地区的人很少有这种吃法，别说炒好了太辣，就是炝锅时的油烟，苏沪的普通主妇也受不了，肯定会被"呛"得眼泪鼻涕四流，我甚至怀疑"炝锅"的正字是不是应该就是"呛"字才对。

我们炒这个菜，就省点事吧，油锅烧热之后，将卷心菜叶放入，快速翻炒，不过三五分钟，菜就软了下来。我喜欢放入一整包的斜桥榨菜来调味，当然不放榨菜也可以放盐；我还极其喜欢放入油面筋，事先将油面筋一剪为二，并在热水中泡过，起锅前放入沥水的油面筋，与榨菜一起翻炒，拌开炒匀即可起锅装盆。

吃辣的朋友，可以在起锅前舀上一勺水浸泡椒，我指的"吃辣的朋友"，是这边的，不是那边的哦！所以一小勺的水浸泡椒就可以打发了，红色的泡椒炒在卷心菜里，很是好看。讲究的朋友，还可以放入油发开洋，吊鲜吊味，是将素菜变荤的好办法。

此菜的关键就在于"手撕"，我们知道，菜叶的炒制时间和菜杆是不同的，由于手撕，大多数大的菜杆都被留在了当中的那根菜心上，剩下的几乎全是真正的叶子。卷心菜要断生却不熟透，才会好吃，生则有生腥，过熟则软烂没有嚼劲，所以手撕巧妙地解决了食材的不均匀问题。不但如此，手撕的卷心菜，较之刀切的，由于形状不规则，边长更长，受热更均匀，同时也更容易入味，一举多得。

果然很好吃，虽然没有成都的辣，但同样的用心是与左记的老板一样的。我们都应该尊敬生活，过好自己的每一天。

●●● 自制面筋煲

西安有什么？西安有兵马俑。这是句废话！

西安有什么名菜？基本没有，西安只有小吃，然而他们的"小吃"与我们所说的"小吃"大不一样。我们的"小吃"，就是"小小的吃食"而已，是谓"点心"者也；西安人所说的"小吃"，简单就是"小东西也照样吃饱你"的意思！

我挺喜欢那些小东西的，肉夹馍、羊肉泡馍、甑糕，我食量不大，一吃一个饱啊！对了，还有凉皮，那玩意好玩。

你去问任何一个西安人，凉皮怎么来的，他们一定会告诉你"洗出来的"。用什么洗的？面粉。

这几乎是人人皆知的传说，说是拿面粉在水中洗啊洗的，然后洗出来的粉，就可以做成透明的凉皮；洗剩下的东西则是面筋，也就是放在凉皮上的那堆黄色的东西。

我洗过，洗过好多次，每次都失败。我倒不是要洗出凉皮来，我是为了那些面筋，因为一直在店里吃到自制面筋，所以很想自己试一下。真的失败了无数次，把一团面粉放在水里，不断地捏啊捏，捏到最后，就变成了一盆浑浑的面粉水，与面筋没有半分相像的地方。

一直到后来，流行做烘焙了，我才知道原来面粉分为好多种，有低筋的有高筋的，而所谓的"筋"，就是"面筋"了。低筋的面粉适合做蛋糕，更有绵实的口感；而高筋面粉则是用来做面包的，有疏松的效果。

那么就用高筋粉来做喽？于是特地去买了做面包的面粉来，同样揉成团，再放到水里去不断揉捏，好家伙，一盆水还是变成了面汤水，只是最后留下一个比乒乓球稍小的面团，看着倒的确有面筋的意思，然而这样的成本实在太高，饭店里的面筋才卖多少钱啊？油炸过的油面筋才卖多少钱啊？肯定还有蹊跷。

在很长的一段时间里，我都没有再碰过面筋，想要吃那种软软的自制面筋，就去功德林买上一包；只是没法吃到水面筋塞肉，非要吃的话，至少得开车到邻近的城市去买新鲜的水面筋，好在这玩意本来上海也没有，就此作罢。

一直到了很后来，好朋友中钓鱼的越来越多，我有时也跟着他们去凑热闹，看他们和饵，看他们像变戏法似的将一包包粉末加水拌在一起，有时饵是黏的，有时是松的，又有时是干的，非常好玩。

有一次，我又帮着和饵，一包淡黄色的粉，加了一点点水下去后，就变成了很有弹性的一团，一拉，有一丝丝的，当中还有许多孔洞，这不就是面筋吗？

问了钓鱼的朋友，钓鱼的朋友也搞不清楚，只是把装那种饵料的袋子给我了。可叹啊,那包东西是日文的,我虽然读过几天日语,现在的水平也就是全用假名的话,对照五十音图我还可以念出来。那是为自己挣面子的话,其实就是压根不懂。

还好我交友遍天下,天下的朋友中也正好有懂日文的,一番折腾之后,终于弄明白那包鱼饵的主要成分是"谷朊粉"。

谷朊粉又是什么玩意?好在现在有网络,一查,还没点进去就看到"谷朊粉又称活性面筋粉、小麦面筋蛋白",点入词条一看,原来谷朊粉还不是什么新鲜事物,早已和我们的食物息息相关了。我们吃的面条、红肠、鱼丸甚至还有婴儿食品中都有谷朊粉的身影,有些是为了让食物更有筋道,有些则是"以假乱真"增加蛋白质的含量。

另外,介绍中还说"可以制作面筋",这条最让我开心了,问题是我上哪儿去找谷朊粉呢?我总不见得用鱼饵来做菜呢?对了,"万能的淘宝"嘛,上去一看,果然有,而且价格还很便宜,也就将近10元钱一斤的样子。

于是果断地下单,等了两天,快递就送到了。打开一看,纯的谷朊粉,是一种淡黄色的极细的粉末,手感和精细面粉差不多。我盛出一碗来,加上水,不等我揉,只是把水搅匀就已经变成了面筋,看来路子是对了。

果然,就是这么做的,由于谷朊粉的面筋纯度太高,反而在做自制面筋的时候,要加入一点面粉。我这就把详细的做法说出来,做上一道好吃的青菜面筋煲。有些饭店,青菜面筋煲是用市售的油面筋做的，就是那种用来塞肉的油面筋泡，吃起来完全没有口感，要吃到好的入口滑糯有嚼劲的，就得自己做。

先用谷朊粉，加水调匀，不用考虑放多少水的问题，谷朊粉会自动地吸收水分直到饱和，多余的水，还是清水，很好玩的。然后呢，就要加面粉了，只要普通的面粉就可以了，面粉的量大概是谷朊粉的三分之一，将谷朊粉团从水里撩出来，摊开，然后将面粉倒在上面，揉匀即可，不用加水。

将面粉放个十分钟左右，以便水分可以充分地渗透到面粉中去，然后起上一个油锅，油温不用很高，否则容易炸焦，油要多一些，反正炸过的油不脏，可以炒菜。将面团捏成一个个的小球，大约比乒乓球小一点的样子，然后将之压压扁，放在油锅里炸。

要注意油温，一定不能太高，要让油慢慢地将面筋炸透，面筋会胖起来，变得很大很大，等到颜色变成金黄，就可以取出来了。取出之后，面筋会渐渐地缩回去，没关系的，缩就缩好了。

青菜入煲，要买好的矮脚菜，霜打过后的更佳。青菜买来之后洗净，将外面的老皮剥去，剥去了菜皮之后，菜根会露出来，把菜根削平，然后在菜根上划个"十"字，这样可以让青菜入味。

取一个煲，先用火烧着，同时再起一个油锅，油锅并不用太多的油，反正面筋里有足够的了。待油锅热后，将青菜放入翻炒，然后再放入自己做的面筋，放酱油，酱油可以只用生抽，颜色浅一点卖相更好。放完酱油之后炒匀，将之移到煲里，加一小碗水，盖起煲盖煮五六分钟，就好了。

听上去很麻烦，其实真真要做的话，也是十几分钟的事，包括做面筋的时间在内。别的不说，能够自己做出面筋来，成就感就不小，如果请朋友吃饭，保证他们会赞不绝口的。

●●● 仿开水白菜

　　有这么一个故事，说的是周恩来宴请日本朋友，一道菜上来的时候只有一碗清水，里面浮着几棵白菜，认定寡淡无味，迟迟不愿动筷。在周总理"几次三番的盛邀"之下，女客才"勉强用小勺舀了些汤"，谁知一尝之下立即目瞪口呆，狼吞虎咽之余不忘询问总理：为何白水煮白菜竟然可以这般美味？

　　虽然故事的戏剧性值得推敲，但大概周总理请人吃过这道菜是真的。这道菜叫做"开水白菜"，所谓的"开水"，是用老母鸡、老母鸭、云南宣威火腿、排骨、干贝及鸡脯"吊制"而成，光看看原料，就可想而知是何等的穷奢极侈了。

　　"开水"，其实就是高汤，素斋中也有高汤，就是用豆芽和白菜炖出来的，可见白菜本来就是极鲜之物，如此叠床架屋，实不足取，不如我们稍作改良，来做一道家庭也可以完成的开水白菜吧！

　　白菜，就是上海人所说的黄芽菜，然而上海的黄芽菜从形体上、口味上，都远远要比北方的大白菜来得好。还有比黄芽菜更好的，就是近年来引进并培育出来的新品种——"娃娃菜"。

吃过黄芽菜的人都知道，黄芽菜的菜帮子没有菜叶子好吃，而外面的绿叶子也没有里面的黄叶子好吃，黄叶子软而糯，还带着甜味，更好吃（我曾经在《黄芽菜蒸虾干》中写过绿叶子更漂亮，那是另外一道菜了）。娃娃菜虽然和大白菜同宗同属，却长得极是恰到好处，菜帮短而窄，叶子又全是黄的，精华全都给体现出来，简直就是植物版的"长八只翅膀的鸡"了。

娃娃菜很小，一盆菜用两三棵都可以；最近又出现一个品种，说是高山娃娃菜，菜叶金黄，看上去就很嫩，大小约为普通黄芽菜的一半，这个品种我吃下来是最好的，一顿一棵，正正好好。这道菜，用的就是这种娃娃菜。

要准备一块火腿，去皮去膘后约为小半块肥皂的大小，准备一点好的金钩开洋，准备一小把干贝。三样东西都要洗一下，然后将火腿切片，反正一般家庭的刀工也好不到哪儿去，尽你所能将之切薄，即便切散切碎，还是将之按片码放在一起。

开洋，我已经说过很多次了，就是剥了壳的虾干；金钩，是个大质佳的品种。将开洋用温酒浸发，直到手去掰的话不会断裂，然后将表面没有剥净的虾壳、虾脚去掉。用剪刀剪成豆粒大小，继续浸在酒中。

干贝，就是江珧柱，为了字形好看，通常被写作"瑶柱"。大的干贝有大象棋那么大，不过那种是天价之物，烹调之时亦要用浓高汤来吊，不是日常家肴。一般做菜的干贝，挑足够干的，闻之没有腥臭的就可以了，大小并无所谓，反正弄碎了吃的。先用温酒发起，等到浸透之后，用力将之碾开，扯成丝后再放入酒中浸着。

将娃娃菜稍事冲淋，然后对半剖开，底部有一小块半圆形雪白的硬块，其实是根茎的一部分，用刀将之挖去，否则的话不能一口将菜全部吃下，很煞风景。

将娃娃菜的切面朝下放在砧板上，视大小纵向再切几刀把菜分成一条条的，这几刀切起来有讲究，不是从上往下切，而是从外朝里切，每一刀都是朝着菜的圆心，这样切出来的菜，才能大小一样。一般的话，半棵菜，切上三四刀，就是四五瓣菜，每瓣一指多宽。

拿一个蒸鱼的腰形盆，将菜拿一条起来码在盆中，在切面上铺好火腿片，然后再拿一条菜码起，再铺火腿片，如是将整个半棵娃娃菜都铺在盆里，然后撒上开洋粒和干贝丝，将剩下的酒淋一点点在菜上，大约两调羹的量。

火腿和开洋都有咸味，吃口淡的朋友就不必放盐了，如果要放，也只需食指、拇指捏起一小撮来，撒一点意思意思就可以了。

放在锅里隔水蒸，从冷水开始，直到水沸，然后改成中小火，前后至少蒸半个小时，才能够让味道互相浸淫，渗透有无，最后达到与娃娃菜合而为一的境界。

另起一个油锅，只要一点点油就可以了，将油淋在娃娃菜上。只要步骤都照着做，蒸的时候火候也恰当，盆中应该有汤，但不是太多，若是蒸好发现娃娃菜浸在了汤中，那多半是有水溢了进去，稍微倒去一点后再淋油，效果会更好。

尝尝吧，用筷子夹住一条，一条中有好几片哦！全都塞到嘴里，咬下去是软绵的、糯糯的，有些咸鲜有点甜，是不是很香呢？

一盆菜，不过四五条，每人一条，真正齿颊生香，可是甫一动筷便见了底，这玩意也太不经吃了吧？别急呀，一棵菜一剖为二，砧板上不还有一半吗？将吃剩下的汤水连火腿开洋干贝一股脑儿倒在一个小碗里，将剩下的一半同样切成条，放在腰盆中，再将小碗里的东西直接浇在菜上，过半个小时，又是一盆喽！

●●●● 杏鲍菇拌青椒

买了新房子，于是装修，买电器，冰箱洗衣机空调电视机热水器就连电饭煲，一概买了进口品牌，唯独一只微波炉，买了国产的格兰仕。倒不是我有多支持国货，只是我知道格兰仕是全世界最大的微波炉生产商，想来东西差不到哪儿去。

我最后买了一个新式的老微波炉，说它新式是因为它有了新功能，可以直接加热金属物件；说它"老"，是因为操作简单，只有上下两个拨盘，上面的那个控制火力，下面的调节时间，就跟最传统的微波炉那样。虽然我是个"电脑人才"，也经常被人称为"极客"，但我非常不喜欢那种电脑表盘式的微波炉，上面画一条鱼一个鸡腿的那种，然后边上标着"0.5 kg, 200 ml"之类的控制方式，那是洋人用的玩意，不符合中国人的烹调习惯——在国外可以轻而易举地买到450克的整块鱼肉，在国内要买到一条正正好好九两的鳜鱼，可不是容易的事。

买微波炉的时候，店家送了一堆的东西，蒸格、烤盘……有五六样吧。我是个很有好奇心的人,还真的去找了一条九两重的鳜鱼来,"像煞有介事"地在蒸格里放好了水,加上了蒸盖,放到微波炉里转了五分钟。端出来一看,卖相倒还是不错,但是有着浓浓的鱼腥味,你说蒸鳜鱼都蒸出腥味来了,也算是改革创新吧!

那条鱼,实在不敢恭维,皮韧韧的,一筷子下去,鱼皮扯也扯不断,然后黏在筷子上,甩也甩不掉,只能用嘴吮下来。这哪是吃鳜鱼啊?简直是在吃糯米糕。

我是不反对新事物的人,但我的要求是新事物至少能够达到老效果,电饭煲就是一样。然而好好的微波炉,就不能发挥一点除了"热菜"之外的功用吗?这可不是凭空想就能想出来的,于是我们家的微波炉,主要还是停留在"热菜"的阶段。

我们来说另外的一件事,菌菇。最早的时候,上海人只知道两种菇,一种是罐头的蘑菇,一种是干的香菇,但是前者味道、口感都欠佳,后者则又价格不菲,所以上海人的家中,很少吃到菇。后来,有了新鲜的蘑菇,而且价格适中,所以蘑菇不稀奇了;很长一段时间后,菜场有新鲜的香菇卖了,那时大家都觉得是很稀奇的事,原来香菇也有新鲜的啊?纷纷买来吃,虽然香味不及晒干的浓郁,但是口感滑爽,也深得大家的喜爱。再后来,菜场里的各种菌菇就更多了,平菇、草菇、金针菇等等,品种繁多。

有一种,叫做杏鲍菇,不像蘑菇、香菇,这种菇的"伞"和"柄"是连在一起的,柄很粗,伞就相对小了,从下往上就是一根粗粗的东西,分不出上下来。杏鲍菇通身是雪白的,就是顶端有些褐黄。它是所有的菇里最容易清洗的，长得就和一根瓜似的，只要用水冲洗即可。

杏鲍菇"打入"上海的时候，叫做"牛腿菇"，大家嫌其名俗，也不是很受欢迎，反而是"蟹腿菇"卖得好，"蟹"总比"牛"上档次吧？随着粤菜北上，这种菇也被正名为杏鲍菇，于是生意就好了起来，"鲍"怎么听起来都比"蟹"更金贵了。

杏鲍菇很容易调理，买来洗净，然后切片，炒肉片，或者素炒，但是炒来炒去，都没有酒店里炒得那么好吃。酒店里的杏鲍菇，滑爽且脆，家中自制，总是软趴趴的，虽然菌菇的香味很浓，但是口感总是差了那么一口气，不知其窍门何在。

后来，有一次偶然的机会，请教一个粤菜厨师，他告诉我杏鲍菇的水分太多，要出尽水分，口感才会变好，但是那次时间匆忙，他又语焉不详，使我走了很多弯路。

我试过出水的，烧一大锅水，将杏鲍菇放下去煮，煮完后撩起来，越发软绵了；我也试过干炙的，锅里放一点点油，将菇片放在锅里用极小的火来烘，烘了将近一个小时，果然口感颇佳，然而菇片干皱发黄，无法上桌也；我还试过用盐出水，也是效果尔尔。

最后突然有一天，我"忽发奇想"，用微波炉转了一下杏鲍菇，没想到效果奇好，不敢独藏，就拿这道"杏鲍菇拌青椒"来和大家分享。

买上四只大小粗细相仿的杏鲍菇，要白白净净捏着有弹性的；再买一只菜椒，也就是田椒，同样要新鲜翠绿的。买回家之后，将杏鲍菇洗净，然后切片。切片的时候，不要与菌柄垂直进刀，那样的话，切出来的片是圆的，比较少，要斜着入刀，菇片就是椭圆形的，长长的很有样子。切片不用太薄，大约一毫米的样子就可以了。

还有一种切法，是将杏鲍菇先修成一个长方体，然后切片，这样切出来的片大小都是一样的，摆盘煞是好看。然而这种切法，丢弃甚多，是五星级酒店的切法，家中大可不必如此奢侈。

再将菜椒洗净，用刀将菜椒的两头切下，当中就剩一个圆柱了，竖着切上一刀，将菜椒放平，刀面横着切入，切断菜椒的芯，随后将刀继续推入，切上三四下，可以将整个芯子拿出来，这样的切法不但容易去籽，而且可以将菜椒纵向的筋削平，得到一张很规整的长方形的菜椒皮，然后将之切成小块即可。饭店里会将菜椒的两头弃去，家中做的话，切成小块即可，虽然不是方的，也不影响食用。

将杏鲍菇切好后，放在一个大碗里。杏鲍菇很松，四个杏鲍菇便是一大碗了，码好之后，上面再用一个稍小一点的碗盖起来，然后放到微波炉里转三分钟。三分钟之后，将碗拿出来，此时要千万小心，碗很烫，特别是掀开小碗的时候，会有蒸汽冒出来，千万不要烫伤。

这时，你会看到碗底已经有一些水分了，用筷子将杏鲍菇拌一下，然后将切好的菜椒铺在上面，还是盖好小碗，再放到微波炉里转三分钟。

等再次从微波炉里拿出来，掀开小碗，顿时香气扑鼻了，有菌菇的浓郁香味，也有菜椒甜甜的清香。此时，只要把碗底的水滗出来，水是淡黄色的，油油亮亮，味道呢，我尝过，是甜甜鲜鲜的，或许传说中的菌油就是这种东西吧。目前我还没有想出来如何利用这些"菌油"，但我想以后总会想出来的。

潷去水分后，就相当容易了，倒一点蚝油下去，拌匀就是一道菜了，如果讲究摆盘的话，就拿出来放在盆子里。吃吃看，是不是爽滑脆嫩的口感呢？而且这道菜在制作的过程中，没有用油炒，因此很是清淡，想必会受广大女士的青睐。

食素的朋友可以不用蚝油改放生抽调味，甚至直接放盐都不错呢！

●●● 香菇冬笋

转眼又到了圣诞，到处张灯结彩，办公室附近几幢购物中心都竖起了圣诞树，琳琅满目，为冬天的上海带来些许色彩。

然而我辈佛教徒，既不打算送出礼物，更不指望收到一些，随景而不能应景了。倒是记得二十年前，由大学骑车去龙华寺玩，因为是逃课去的，游人甚少，于是在龙华寺里闲逛，逛着逛着就到了收发室。记得那时也是圣诞节前，收发室里堆满了圣诞的贺卡，都是寄给师父们的。更有甚者，龙华迎宾馆高挂着"圣诞快乐"的字幅，正对着龙华寺的后花园。

虽说迎宾馆是家饭店而已，但至少也是打着"素斋自助餐"幌子的饭店啊！卖佛素而庆圣诞，骂是没法骂的，便只能用"别具一格"来形容了。

好吧，既然说到素菜馆，就来介绍一道家庭可制的好吃素菜。正值冬天，物料应时，调理方便，时近过年，在冬令大荤之余，不妨来一道香菇冬笋，调节一下。

这道菜，用到的东西很简单，就是香菇和冬笋两样，物料虽然简单，但要做得好才显本事。我们当然还得从买菜说起，先说冬笋。冬天的笋叫做冬笋，也不尽然，现在冬天连春笋也就是竹笋都有，据说是用炭熄灭后铺在地上焐着，可以将本要等来春破土的竹笋焐出土来。

不仅如此，就算以前冬天没有竹笋，还是依然有毛笋，好在后者的个头相当大，不会与冬笋搞错。毛笋很便宜，壳是黑色的，通体都有茸毛，由于吃了之后会有过敏反应，所以归为上海人所说的"发货"。

冬笋则要细腻得多，蜡黄色的壳，油光发亮。买冬笋要买圆圆弯弯的，在根部收起来，竹根小小的那种，上海人叫做"鹦哥笋"，鹦哥者，鹦鹉也。好的笋，笋壳要亮，要包得紧，无土无疤，掂分量有厚重感。现在有些冬笋，像个锥形体，头上尖尖，底部却很大，也长着毛，壳倒是黄的，这种冬笋不是我们传统的好冬笋，真正剥掉了壳，只剩当中一点点，再剁去根，所剩无几，买不得。

冬笋的大小无所谓，关键是要新鲜要嫩，用手指甲在笋的根部掐一掐，可以刻进笋根的，就比较嫩，弃去的也少。冬笋买来，要斫去根，以用刀切得动为限，切不动的地方，都要扔去，上海人叫做"老头"。有"做人家"的主妇，把几个冬笋的老头放在一起，洗净后用水煮过，当作汤底来用，也不错。

笋的壳，有一个专门的字，写作"箨"，念如"拓"，不过上海方言中并无此字，还是简简单单称作笋壳。笋壳当然是没法吃的，连汤底都没法煮，所以只能扔掉。菜场的做法是在冬笋上竖着划一刀，然后两边一分，笋壳就剥掉了；如果家中吃，只有一两个冬笋的话，也可以一片片剥开，剥到最后芯子的时候，将最顶端的一点老皮摘去即可。

笋壳剥是剥掉了，但壳的底端多少还会留在冬笋上，最好用刀刮一下，方法是左手持笋，笋根朝着虎口的方向，右手持刀，沿着笋的形状，将刀锋贴着笋面由里往外划过去，划到底部会有些硬，竖起来放在砧板上剁去。

剥出的冬笋，并不用洗，所以我一直建议大家连壳一起买回来自己剥，那样比较卫生。将笋沿纵向一切为二，然后把切面覆在砧板上，再切成薄片。切片的时候，刀面始终要保持垂直于砧板，这是所有切片的基本条件。另外，切冬笋时，刀口不要与笋的横截面保持一致，那样的话，切出的笋是半圆形的比较小，而是要转过一个角度，切出半椭圆形的片来。这样切还有一个好处，如果笋长得大了，会有空心的一节节，若是方向不对，有可能切出来的不是一片，而是个圈，多煞风景呀！

冬笋中富含草酸，直接炒制的话会有辣味和涩味，所以要事先去除。草酸很易分解，只要用水煮一下即可。取一口锅，不用太大，将切好的冬笋片放入，然后放一点点盐，盐分更能去除辣味，而且还可以使咸味进入到冬笋里，一举两得。

等水开之后，沸水煮五六分钟，冬笋就准备好了，然后我们来讨论香菇。香菇有干的有新鲜的，都可以用来做这道菜。不管是干的还是新鲜的，都要买个头大小相仿，不要有泥沙的，买的时候都要捏一下，干的要硬，新鲜的要有弹性，如果一捏即烂的，当然不能要。新鲜的香菇，捏的时候，还要看看有没有水出来，如果有水，那根本就是黑心摊主浸进去的，多了分量不说，还不知道他用的水到底干净不干净，奸商实在可恶。

买新鲜的香菇，不但要看正面，还要看反面，伞盖之后有一层薄薄的膜包着的，那是足够新鲜的香菇，如果反面没有薄膜，可以清晰地看到伞盖下面的一丝丝，那说明已经摘下来有点时间了。

干香菇要浸发，最好是浸在清水中，并且舀上一调羹麻油；鲜香菇也要浸发，同样浸在清水中，同样舀一点麻油即可。干香菇与鲜香菇的清洗次序是不一样，干香菇要等发开之后才能去根，否则硬硬的也去不了；鲜香菇则买来即可清洗，齐盖剪去根部。根部同样可以用来煮汤底，你还别说，两只冬笋的老头再加十几根香菇柄，煮出的汤底还是蛮鲜的。

香菇不用直接炒，特别是鲜香菇，再多的油都会被吸掉，而且鲜香菇表面太嫩，直接入油锅易破，所以最好是用油水来煮，就是油锅起好之后，倒入一大碗水，然后放入香菇，盖上盖子焖烧。

水不能太少，火不能太小，要用急火将香菇烧熟，却又不至于烧烂，所以水多一点的话香菇不至于被炙焦。烧了五六分钟以后，将盖子打开，把香菇翻一下，再烧五六分钟，那时香菇已熟，锅中应该也留不下多少水了。

嫩的香菇，很容易有碎屑掉下来，所以要将煮好的香菇一个个从锅里夹出来，最后剩下的一点点汤水中就全是碎屑了，弃去即可。

洗净锅子，另起油锅，将香菇和笋片一起放入，翻炒均匀加盐即可。此菜有人喜欢勾芡，我的意见是如果请客吃饭的话呢，不妨勾一个薄芡，更有质感；如果是三口之家自己吃呢，就不用着腻了，否则一顿吃不完，芡就散了，反而不好。

　　这道菜，在起锅前，把火先关掉，再淋入一些麻油，拌匀上桌，那可真是香气四溢。香菇一定要一口一个，先把整个香菇塞进嘴里，然后闭起嘴来咀嚼，那样才会有醇厚绵长的感觉，爱吃之人，不可不知。

●●● 干煸茶树菇

　　江献珠说起过一种长在白蚁堆上的菌，说是那种菇采摘的时候要等伞盖将开未开，而吃的时候，最好就站在白蚁堆边上立刻烹调，否则的话极易腐烂。后来才知道，她说的白蚁菌，其实就是鸡枞，一种很名贵的菌菇。

　　我以前一直不理解这一点，在上海普遍能接触到的菌类有蘑菇、香菇、草菇、平菇、金针菇、杏鲍菇等，但几乎都没有碰到过极易腐败变质的，放个几天都没有问题啊？特别是香菇，新鲜的买来，在上面花三刀，等过几天干了，就变成一朵上面有六角形的香菇花了；还有平菇，那么湿湿的菌类，只要放在通风的地方，好像也没有什么问题啊？

　　直到我见到茶树菇，算是明白了菌类的腐败可以多快。上海人以前不吃茶树菇，就连杏鲍菇、蟹柳菇什么的，全是新鲜的货色，即使有些人见过吃过茶树菇，一般也是在饭店吃到的干货，很香也有些嚼劲，但很少有人会在家里自己炒制。

那次偶然的机会，在菜场看到有新鲜的茶树菇卖，长长的菇柄有着极淡的褐色，罩着一顶小小的深褐色的菌帽。我还不是很吃得准到底是不是茶树菇，问了摊主才得到肯定的答复。

那玩意不贵，10元出头的样子，要比草菇便宜多了，于是我停好自行车，打算挑上一些。那些东西，看着就有些蔫，一把捏上去，有一种既滑又黏的感觉，伞帽也有些凌乱，这儿少一块那儿少一角的。

"你要吗？要的话，我帮你从家里拿。"摊主见我想买，边说边跑回家去，不一会儿抱了一个挺挺刮刮的瓦楞纸箱出来，里面整齐地码着新鲜的茶树菇。

不怕不识货，就怕货比货，果然两样东西放在一起，马上就可以看出区别来。新鲜的那一盒，长短一致，粗细相仿，菇柄的颜色较另一堆要淡，只有轻微的黄色，菇柄的尾部大多连在一起，所以是一蓬一蓬的。新鲜的伞帽颜色较淡，完整坚挺，看上去就精精神神的。再用手一摸，完全知道区别了，新鲜的茶树菇是干爽的，两根茶树菇摩擦一下，是没有任何涩滞的感觉的，既不黏也不滑腻，捧在手里是蓬蓬松松的，感觉很轻很轻。

那玩意真的很轻，买了很大一袋，不过四五两的样子，拿到家里，我就将之倒在盆里，放在通风的地方。晚上正好有事出去吃，就也没去管它，结果第二天一看，不得了，整个一盆全烂了，不但比隔天看到的不够新鲜的还蔫，甚至还有一群小小的不知名的小虫在飞，根本就没法吃了。

后来我才知道，茶树菇这种东西，就和鸡枞一样，其鲜美是瞬间的，每多过一分钟，就减少一分钟的风味，所以这玩意最好摘下来就吃，至少至少也得买回家立刻就吃。万一实在做不到呢？那么一买回家，就要立刻用报纸包起来，然后放在冰箱中冷藏，等到吃的时候再拿出来。

我对做干煸茶树菇有点心得了，听我慢慢说来。

茶树菇是素物，有点荤油的话，更能吊鲜。可以选用腌制好的培根，油比较多，先切成小粒，放在锅中，用小火烘着，拿双筷子时不时地拨弄一下，火不能大，火大了肉焦发苦，影响口感。慢慢地烘，可以看到培根渐渐地变色，原来白色的肥肉变成了透明的，原本涩涩的锅里，有了油润的感觉。

如果培根只是一两片，那么可能油还不够，要添一点素油，然后将洗净沥干的茶树菇放进锅里。茶树菇洗起来很容易，先把根部老硬的地方剪去，然后洗去沾着的泥就可以了，倒是沥干的话还有很多的水分，如果有条件的话，一根根地擦干更好。不要怕花时间，真正干煸起来，可是事半功倍呢。

用文火烘着，文火的意思就是一两分钟不去拨弄也不会焦掉的意思。干煸这活，第一要干，反正已经擦干了，也没有放水；至于煸，就是要有耐心，慢慢地等着菇里的水分在油里蒸发。为了煸起来方便，可以在下锅之前将粗的菇柄撕开，反正是家里自己吃，撕开也没有关系。

要煸多少时候？起码二十分钟，一开始会很没有信心，满满的一大锅，虽然有点油，但连响声都不起，这得煸到什么时候去啊？其实，你只要每隔一两分钟，用筷子划拨一下。不要以为茶树菇是慢慢煸透的，其实是一下子的，就突然的一下子，发现本来好多的茶树菇，一下子就剩了一半的体积了，原来胖胖的身材仿佛立时就减了肥，变得苗条起来，此时再煸个五六分钟，就差不多了。

淋上一点点生抽，不要多，一两调羹就可，这时会听到嗞的一声了，用筷子拌匀，然后放上一点点极细极细的姜末，再拌炒几下，就可以盛起来上桌了。

干煸茶树菇吃起来是脆脆的，很嫩很有弹性，最后的一点姜末实在是点睛之笔，要切得极细，让人感觉得到有味道却吃不到东西，那种隐隐约约的香味，是本菜的诱惑。原来这道菜还没有这样的好处，有一次我做的时候，俞沁园姐姐正好在边上，正好边上还有块姜，正好姐姐在切大闸蟹要用的姜，正好忽发奇想放了一点点在茶树菇里，结果成品的味道一下子就提高了一个级别，真正可谓神来之笔。

这道菜，不用培根的话，也可以选用肥肉较多的肉糜，事先用料酒和盐拌一下，同样用干锅先烘肉糜，待油出来后下茶树菇，同样煸干放生抽与姜末，效果也相当好。我甚至有一次用浸发的香菇切末，拌以肉糜，另外加入开洋和干贝，结果味道相当的好。有闲心的朋友，也可以试着搞搞各种的豪华版。

●●●● 黄豆芽炒油豆腐

　　我很喜欢吃日式料理，有时赶时间，就点一份日式"盖浇饭"，亲子丼是个不错的选择。所谓的亲子丼，有鸡蛋与鸡肉滑炒的浇头，叫做鸡肉亲子丼；也有将三文鱼刺身和三文鱼子一起盖在饭上，叫做鲑亲子丼。亲，是父母的意思；子，就是孩子了；而丼，在中文里是"井"的意思，在日语里直接就是盖浇饭的意思了。丼，在中文中也念作"井"，而在日语里念作"冻"，如果不识这个字，用拼音打不出来，这时五笔就有优势了。

　　东西很好吃，但是听着"亲子"两个字，就有点怪怪的。我不是虚伪的小动物保护主义者，但感觉上好似为了一顿午饭，就将人家灭了门，终究有些于心不忍。后来我"发明"了一种汤，是黄豆豆腐汤，我称之为"亲子汤"，犹得保全性命。

　　清朝小石道人纂辑过一本《嘻谈录》，续集中有一则《资郎纳官》，是这样的一个笑话："一资郎纳官，献百韵诗于上宦，中联云：'舍弟江南没，家兄塞北亡。'上官恻然曰：'君之家运，一至于此！'答曰：'实无此事，只图对偶亲切耳。'一客谑之曰：'何不说："爱妾眠僧舍，娇妻宿道房。"犹得保全两兄弟性命。'"

我的亲子汤，与这个笑话，是同一个意思。那道汤并不好吃，实在乏善可陈，倒是另有一道"兄弟菜"，不但色面漂亮，鲜美可口，就是炒制也还方便，可为家中常食之菜，不敢独专，就拿出来给大家共享。

这道菜，叫做黄豆芽炒油豆腐。

我们曾经讨论过黄豆的长和圆的问题，那个问题已经解决了，不管是长的还是圆的，都是等毛豆自然老了黄了之后的产物。一般来说，圆的黄豆比较小，价也贱，适合用来磨豆浆，现在由于食品安全的问题，许多家庭都买了家用的豆浆机，买这种相对来说便宜的小圆黄豆就可以了。长的大的呢，是用来炖汤的，炖个瘦肉炖个脚圈，成品很好看。

这回要用到的两样东西，都是黄豆做出来的，然而却只有一样叫做豆制品，以前买豆制品要票的年代，也从来没有听说过黄豆芽也要票的。

黄豆芽是可以自己发制的，将黄豆浸在水里，直至长出芽来，再取出用纱布包起，保持温暖湿润，每天清洗一次，两三天后就能食用。如果嫌麻烦，也可以直接去菜场买，菜场的豆芽有两种，一种是粗粗壮壮根根笔直的，每一根的长短都差不多，这种黄豆芽是用豆芽机孵出来的，据说用了不少的化学物质，还是少吃为妙。

另一种豆芽是弯弯曲曲的，长得没有前一种整齐，长短也各不相同，这种是用土法孵的，吃起来没有不安全之虞。豆芽很便宜，物价飞涨的今天也不过 2 元一斤，抓上一大把，甩干水称一下，半斤左右，就够了。

再要买一些油豆腐，小的那种，比骰子稍大一些，同样用手抓一把，也是半斤左右，物料就备齐了。

黄豆芽买回家要摘过才能吃，不摘的豆芽是江湖小店做毛血旺的。每一根黄豆芽，都要掐去根部，把有豆的那边留着，每一个都要仔细地摘过，有烂的豆子、黑的豆子，都要弃去。摘好的黄豆芽要浸在水里，否则的话，见风即干。

油豆腐是用老豆腐切开后炸制而成，烧汤的话因为久煮还能入味，炒制的话，最好将之剪开，小的油豆腐对角剪开，既易入味，看着也漂亮。

然后就很容易了，起一个油锅，待油热之后，将黄豆芽沥干放入，当然你不可能沥得很干，也没有关系，放下去就是了。"嗞"的一声很响，冒出热气，是很有成就感的；翻炒几下后，将油豆腐也放入，再放入一调羹生抽，不必放老抽，这样的颜色正好。

如果锅中已经有不少水了，则直接加盖改中火焖一会儿，否则的话，要加一点点水。与想象中的不一样，豆芽不是那么容易烧瘪烧烂的东西，所以尽管焖着好了，其间开几次镬盖，稍微翻炒翻炒，这道菜一定要烧透，否则豆芽会有豆腥气，吃起来就不爽了。

这道菜很好看，有时会有绿的黄豆芽卖，菜色就更漂亮了。黄豆芽本是极鲜之物，若是撒上几粒白糖，更能吊出鲜味来，反正只是几粒，不用担心菜品变甜。

一道纯素的菜，阁主是喜荤之人，最近却对素蔬颇有涉猎，几天里弄了油焖茭白、冷拌黑木耳、橄榄菜炒空心菜、杏鲍菇拌菜椒等，全是素的，看来新书也能满足喜素朋友的需求了。

●●● 雪菜发芽豆

上海话很好玩，这篇菜话，就会谈到一些挺好玩的上海话。

首先，我们来讲一样东西，叫做"独脚蟹"，千万不要以为是只有一只脚的蟹哦，一只脚的蟹，多半是死的，死蟹是吃不得的，据说会中毒。上海人说到单独的一个"蟹"字，一定是指河蟹，而且是较大的用来蒸食的蟹；小的河蟹，一般称之为"毛蟹"，而海里的一定会说清是"海蟹"或者"梭子蟹"。死蟹是不会动的，上海话"死蟹一只"专门用来指代"走投无路"的情况；死蟹到底能不能吃，我一直存疑，然而我终究也没亲身试过，因为死蟹是乞丐吃的，上海人说的"告花子（叫花子）吃死蟹"是句歇后语——"只只好"，指的就是有些人没有原则，对事物没有标准。比如有种男人滥交，别人就会说："伊是告花子吃死蟹，只要是女人伊侪（全）要呃，真是烂糊三鲜汤，拉了篮里侪是菜。"

一只脚的活蟹，我还真没见过。独脚蟹不是蟹，甚至连荤菜都不是，它只是一样普普通通的食材——发芽豆。发芽豆是用干蚕豆浸发的，用水将晒干了的蚕豆泡软，再覆以纱布等保湿的东西，过上七八天，这些豆子全都活了过来，暗绿的表皮变成了生意盎然的青色，表皮被撑破，雪白的芽从里面挤了出来，看上去就像一只脚似的，所以叫做"独脚"。

上海话不是这么简单的，还有一个"蟹"字呢！那叫一个传神。发芽豆生的时候是青绿色的，一旦煮熟，就变成了红褐色，大闸蟹不也是从青到红的吗？这才叫神来之笔呢！不仅如此，豆类还有各种氨基酸，发芽豆的味道很鲜，也是被称为蟹的一个原因。

发芽豆在上海的菜场里都有卖，一般的豆制品摊兼卖黄豆芽、绿豆芽，多半也有发芽豆卖，其价不昂，买上一斤，烧成一大盘，可以吃好几天了；再买点咸菜，雪里蕻腌的那种老咸菜，所以亦名"雪菜"。两样都是极贱的东西，烧在一起，却是天下的美味，听我慢慢道来。

发芽豆绝对不是一烧即就的快炒菜，烧这个菜是要有足够的耐心的。上海人一般喜欢用压力锅，将发芽豆放入后高压烧煮，但是身为"高压锅爆炸小组组长"的我，当然不可能教大家用压力锅来烧这个菜，我要说的是如何用"老法"来烧。

"老法"，是不是听着就很有感觉？老到什么时候呢？那至少也得老到没有压力锅的时候吧，或者我们再老一点，老到连搪瓷烧锅都没有的时候，用砂锅来煮。什么？煤气？那时的确应该没有煤气，那我不见得特地去抄只煤球炉来做吧？

就用砂锅和煤气吧！先将发芽豆洗一下，如果表皮有烂坏的，就拣出来，发芽豆清清爽爽的，很容易挑拣。放水盖过发芽豆，将之放到煤气上用中火烧煮。砂锅不能一上来就用大火，否则的话容易爆裂，如果家中没有砂锅，用厚底的烧锅也可以，那就可以先开大火了。

大火中火都无所谓，反正等水开了，就要改用小火了，这道菜是用小火慢慢焐出来的，将豆焐到酥为止，所以发芽豆也叫"焐酥豆"。上海话中有个词，与"焐酥"的发音相同，专指那种潮湿闷热天气给人的感觉，就是湿嗒嗒不干燥不清不爽的感觉。有些人的头发弄得乱糟糟的，看上去油油脏脏的，也是相同的感觉，上海话就把这种头发叫做"污苏头"，与"焐酥豆"的发音是一模一样的。

很明显，发芽豆要用焐的，待水沸之后改用小火焐着，只要砂锅的底部够厚，小火的热量会均匀地传开，所以根本翻动也无需，只要注意小火不要被风吹灭就是了。小火的标准是锅中每隔一分钟左右会冒个泡起来，那样的火候可以不至于把水烧干，同时也有足够的热量。要焐多久呢？至少二三个小时，甚至还要更多，需要每过一个小时去揀一颗起来尝一尝，焐透的发芽豆应该是入口即化的，当然我指的是豆，而不是外面的皮。

煮豆的汤，会变成褐色的，如果你有兴趣尝一尝，会发现那个汤的味道和赤豆汤几乎是一样的，本来也是哦，两种都是豆嘛！豆汤没什么用，如果你高兴的话，可以直接喝掉，只需要留一点点就可以了。

把雪里蕻的杆子切成小段，就像葱花的那种切法好了，叶子的口感不好，可以弃去。起一个油锅，把雪里蕻放入油锅煸炒，也用小火，要把雪菜煸透，然后就放入焐酥的发芽豆，再放一点豆汤下去一起煮一会儿。这里需要尝一下味道，咸菜的味道有没有渗到豆里面去，如果不够咸，那则还要放一点盐，等豆汤差不多烧干，就可以盛起来了。

发芽豆可以烧一大锅，每回要吃取一盆出来。吃发芽豆，最好有黄酒，不宜用啤酒，而且黄酒的话，不要喝太雕之类的甜酒，色淡味厚的加饭酒与发芽豆乃是绝配。发芽豆本就是普通人家的普通小菜，普通人家谁动不动喝几十元一斤的黄酒啊？听我的没错的，做上一点雪菜发芽豆，温上一壶加饭酒，慢慢地享受普通人家的生活吧！

●●● 糖醋仔姜

　　写这篇文章的时候，首先想起一个笑话，是关于"姜"的写法的，笑话来自《笑林广记·古艳部》："一富翁问'姜'字如何写，对以'草字头'，次'一'字，次'田'字，又'一'字，又'田'字，又'一'字。其人写'草、壹、田、壹、田、壹'，写讫玩之，骂曰：'天杀的，如何诳我！分明作耍我造成一座宝塔了。'"

　　现在的朋友，可能看不懂这个笑话，不过大家可以先直着写一遍"草壹田壹田壹"来看看，这个字该有多高，那肯定是不对的。其实回答富翁的人说的是这个样的一个字——"薑"，这个字，是"姜"的繁体字。

　　以前的"姜"字，只用于姓，著名的孟姜女，就是姜姓家的大女儿。后来在去繁就简的过程中，"薑"和"姜"合并了起来，一律写作"姜"。

　　简体的"姜"，也有一个笑话，说的是一个很喜欢讨吉利的人，碰到一个姜姓的人，问起了姓氏，便道："可是'万寿无疆'的

'疆'？"结果那人完全不给面子，说道："是王八倒着写，下面加一个'男盗女娼'的'女'字。"另一种说法是"王八羔子砍去四条脚，加一个'三女为奸'的'女'字"，把个喜欢讨吉利的气得七窍生烟。

姜是一种调料，上海人吃得并不算多，煎鱼的时候放一点，炒鳝丝的时候放一点，其他如肉、鸡、蔬菜，很少很少有用姜的。家里曾经请过一个安徽保姆，每回用母鸡炖汤，都要放姜，而且还放得很多，说是"解腥"，活鸡有啥腥的呀？可恨的是，这位保姆不管烧啥都要放点姜，而且"屡禁不止"，弄到最后只好换人了事。

对了，上海人还有一个时候是吃姜的，不但吃，还必不可少。那就是每当秋风乍起、菊黄蟹肥之时，上海人必要吃大闸蟹打打牙祭，吃大闸蟹必要蘸醋，醋中必要有姜末，为的是螃蟹性寒，姜能够祛寒。考究的人家，在食完蟹后，还要喝一点姜汤来"保险"。

吃蟹，讲究的是嫩姜，一年之中，就这个时候有嫩姜，上市的数量不多，主要就是用来剁成姜茸与醋拌好了吃蟹用的，除此之外，嫩姜别无他用。上海人还是用"老姜"的机会多，以至于在上海话中，"姜"与"老姜"是通用的，除非特别说明是"嫩姜"。

嫩姜与老姜很容易分辨，嫩姜色淡而饱满，表面光滑，老姜则是"皱皮格䜣"，看上去干巴巴、木涩涩的。

还有更嫩的姜，叫做"仔姜"，仔姜的颜色比嫩姜更淡，更大的区别是，仔姜的顶端，有一根根紫红色的芽尖，煞是夺目。仔姜一眼望去就很嫩，近乎白色的淡黄，乍一看，还以为是某种奇异的水果呢。

上海人以前并不吃仔姜，甚至见都没见过，这几年开始，菜场里也渐渐地有仔姜售卖了，不过一年也就八月中到九月初的样子有售，前后大约半个月的时间，过了这段时间，仔姜就要长成嫩姜了。

仔姜，可以腌来吃，可以做仔姜鸭或者仔姜排骨，这些都是"外邦"名菜，上海人不谙其中之妙，倒不如先从一道简单的"糖醋仔姜"开始，来慢慢掌握这种食材的脾性和神韵。

先要买姜，这是肯定的。姜的量词是啥？是"块"？当然有很多种的说法，种在地里叫"棵"，放在案板上叫"堆"，摆在席上叫"盆"，但终究没有"扇"字来得传神。新鲜的仔姜，从地里挖出来，是很大很大的一块，从最下面的根开始，分叉，再分叉，直到最后，变成珊瑚那样的一大块。好玩的是，它只朝两个方向生长，朝上朝左右长，前后只是厚起来一点点，所以最后大大的一片，只是在一个平面上的，所以用"扇"这个量词，再恰当不过了。

当然不用买整整一扇的仔姜回去，那样的话，不知道吃到猴年马月呢。实际上那么大的一扇，一个摊也不见得拿得出来，一大扇有时可以供两三个摊来卖呢！只要买上小半斤的样子，就够炒一个菜了，小半斤的话，大约四五个芽，长得大的，只有两三个芽。仔姜不用怎么挑，都很嫩，只要没有腐烂即可。

仔姜买来，洗一下，切去紫红色的芽，并不用去皮，那些皮很薄，而且颜色也淡，既不影响口感，也不影响色面，完全可以保留。

仔姜切片，太麻烦了，姜的形状千奇百怪，用刀切片，而且要很薄的片，实属不易。不如用刨刀吧，那种小小的刨洋山芋的刨刀即可，沿着姜的表面，一层层地刨下来，小小的一片姜，转眼间就可以变成一大碗了。最后剩下一点点很难刨？没关系，放着好了，过几天就变干了，可以当干姜使用。

切好的仔姜，撒上一点点盐，稍微腌上一腌，大约十分钟，这些时间，可以准备盛菜的碗，准备锅子，准备醋和糖。做菜，就要一样样东西事先都准备好，方可不手忙脚乱，这就像演讲一样，事先已经打过了腹稿，想过了流程，最后的下锅，只是表演而已。

起个油锅，油不要多，油多则腻，与姜的风格不合。待油烧热后放入姜片翻炒，视口味决定翻炒的时间，有的人怕辣，那就多炒一会儿，有的人喜欢姜的刺激味道，那就一炒即可。

炒的过程中，倒入稍许米醋，加糖即可起锅。此菜不宜太酸，不像其他的糖醋菜我建议起锅后再淋一些生醋的做法，糖醋仔姜只需放一次就足够了，只是不让姜的辣味太霸道而已。

我喜欢多炒一些时间，那样的话姜的味道很淡，也不是很酸，可以大口大口地吃，一年也就这么几天可以吃仔姜，可以好好过过瘾。

据说仔姜可以放入瓶中，置冰箱冷藏格中久存一年都不坏，但我没有试过，不敢乱言。另外如果寻得到红醋的话，做成日式的腌姜，也一定不错的呢！

●●● 糖醋松柳菜

　　"学到老，学不了"这句话肯定是对的，光就美食来说，也是如此。别说我去外地，各地见识到多少从不知名、从未见过的食物，就算在上海，就算天天去菜场，还是会有新东西出来，比如说——松柳菜。

　　那个摊是经常有新鲜东西出来的，比如说茶树菇，再比如说猴头菇，后者我甚至到现在还没有买回家尝试过；这回，又出了一样新奇的东西。

　　摊主总是将摊位弄得很干净，杏鲍菇、猴头菇外都包着雪白的薄纸，边上还有一堆绿色的东西，每一根都是一指长短，细细的、绿色的，摊主码得很整齐，一排排的很是漂亮。我抓起了些许闻上一闻，有一股相当别致的清香，很是诱人。翠绿的颜色和细长的腰身，让我想起曾经风靡过一段时间的"板豆苗"，但是后者绝对没有如此的香气。

　　这就是松柳菜了，价格倒是不贵，3元一斤，相对于时令的其他蔬菜，算是很便宜的了，于是买上了大半斤，打算回家做个尝试。

网络真是好东西，东西买回家还没有打开，我已经通过网络掌握了不少新知识。还记得我前面说起过的"板豆苗"吗？那是豌豆的秧，而松柳菜，就是"松柳豆"的秧。

网上说松柳菜又名如意菜，是从南美传到中国来的，可以通过无土栽培的方法，在培养板上种出来。不但松柳菜是这样种的，其他许多植物都可以种成细细长长的从板上割下来吃，比如香椿、荞麦、苜蓿、花椒、龙须等三十多个品种都可以用同一种工艺种出来，统称为芽苗菜。

松柳豆是我发明的名字，因为在摘菜时候，偶尔有两三根的尾端还带着小圆形的种子，看上去很像是豆类植物。我在网上查了一大圈，据说按道理应该叫做山黧豆或者草香豌豆，而"松柳"这个名字根本就是某些生产经营者为了保护其专利而凭空想出来的。

管它是什么呢，反而我知道味道挺香的，价格也不贵，完全是可以尝试一下的，于是我就尝试了，然后么就成功了，所以我来告诉大家。

买来的松柳菜，最好还是挑上一挑，把带豆的那些掐掉，如果时间精力都允许，那就干脆来个豪华版吧，把每根的尾部都掐掉，只剩顶端最嫩的尖，大约半指的长短。

浸洗之后要沥干，不但要放在淘箩里沥，最好用手捧着淘箩尽量顿上几顿，以求水分尽除。松柳菜细而多叶，很容易蓄水，家里油锅不大，如果水分太多，油温骤降，不容易炒好，如果有蔬菜甩干机，最好。

起油锅，此菜吃油，油不可太少；此菜含水分也多，只要够干燥的话，极易缩瘪，如果手势不好的朋友，最好先把调味料都准备好。

拿一个小碗，放入盐和醋，醋要用米醋，性味最为温和，白醋太烈而陈醋色红味咸，都不行。再放入糖，拌匀后尝一尝，把味道调到你喜欢的风格，然后再加入一点米醋，因为醋中的酸受热易挥发，而盐和糖都不会挥发，所以要留点余量。

配料是应该在起油锅前就做好的，我们回到油锅来，待油锅热后放入已经沥干或者甩干的松柳菜，用筷子翻炒，记得，是用筷子。先用筷子划散，再用筷子把下面的翻到上面来，连着翻几下，一大锅松柳菜就变成了小小的一坨，马上把拌好的调料倒入锅中，用筷子拌匀即可。

一大锅东西变成了一点点，所以用个漂亮的小盆子吧，把松柳菜搛出来码在上面，再淋上一点汤汁，就是一道新式的糖醋松柳菜了。因为松柳菜会出水，所以汤水会剩下许多，千万不要一起装盆上桌。许多时候，特别是蔬菜，原来挺好看的，最后就被那些多余的汤水弄坏了，切记切记，适可而止。

新菜新炒法，希望还有更多的新菜可以介绍给大家，我也是个喜欢新奇的人呀！

●●● 糖醋红烧海带

　　经过靠（近）十年的努力，我也算是所谓的"美食家"了，这是一个我从小就很羡慕的称呼，当然实际上在我小时候并没有这样的一个人，那时就算有钱也买不到食物，再挑剔的嘴也无能为力。"美食家"的说法大约是我中学以后才出现的，特别是在陆文夫的同名小说之后，有些人被冠以美食家的称号。在我认为，美食家不但要懂得吃，还要懂得做，你说哪位仁兄一生没下过厨房，却又是美食家，我不敢苟同。哪怕广东大家江太史，并没有资料显示他曾经下过厨，但我认为如果此兄不谙烹调的窍门，是万万成不了大美食家的，哪怕家中有御厨养着，你也得管得了不是？

　　美食家之于烹饪，不见得一定是高手，但基本的原理一定要懂，而且多少还会有几个拿手菜，要知道好食之人吃不到心中想要的味道是很急人的，若不能亲自下厨炒出相宜的味道来，那可真比什么都难受。我就曾在大连、云南和海南，由于吃不惯当地的海鲜烹调方法，便与店家商量了到厨房亲自调弄。好在厨师是个很愿意借鉴的工种，大多数厨师都会兴致勃勃地看我来弄，还时不时地问上几句，大家探讨。不若其他的行业，这样的玩法就会有雀占鸠巢之嫌，若是武术行业，难免还会被认作踢馆，白挨了一顿揍。

美食家的基本品质，就是不能挑食，然而世间真正什么都吃的人，恐怕实在没有。美食家最多只能做到什么都尝一尝，要是美食家觉得什么都好吃，那就是个普通的吃货，而非美食家了。我就不喜欢吃海带，我总觉得那玩意的味道和口感都很怪。吃虽然不喜欢，但我却会调弄，就像韭黄一样，我虽然忌口，但我的韭黄炒蛋也算一绝，吃过的人无不说好。

我一直说"我不吃，不等于不会烧"，说的就是海带。

如果有一捆东西，黑黑的涩涩的还泛着一点白，质感呢看上去也是粗粗糙糙的，这样的东西扔在大街上恐怕也没有人会去捡，这就是海带了。干的海带，看着就像是破布，不但是破布，而且是脏布，没有染好的破脏布。在中国古代的典籍中，海带被称作"昆布"，"昆"有"哥哥"的意思，比如"昆仲"、"昆季"等，也就是大的意思；至于布呢，古代的手工织布，门幅也就是两虎口左右，大家看到过蓝印花布，也就这么点宽，海带的宽度和布差不多，长度也差不多，所以说海带是"昆布"，就是大布头的意思。

一捆一捆的是干海带，传说中要用淘米水来浸发，那其实只是节约的说法，用清水同样可以来浸。海带没有一捆捆浸的，吃多少浸多少，二尺长短就可以炒一盆了。海带据说不能多浸，浸得时间长了碘和甘露醇都会被溶解，不利于人体的吸收，据说最佳的浸发时间是五到十分钟。然而这种话一定不是美食家说的，那是闭着眼睛瞎说的，海带本来是厚厚的胶状物体，用盐腌起逼出水分来变成干干的东西，浸发的作用是让水分回到海带中去，并且析出盐分来，没有足够的时间，这项工作完成不了；还有最最关键的一点，不浸透的话，盐分出不来，保证咸死你。

买干海带要将海带拆开挑选，海带片越大越好，如果外面的海带很大里面都是碎的小的，那根本就是奸商骗人；表面的白色，有盐分也有碘和甘露醇，这些白色要均匀，那表示是一开始就有的，如果一打开海带，就掉出盐块来，那也是奸商为了增重事后加进去的。海带上不能有洞，有些洞是采海带时割破的，有些是后来虫蛀虫咬的，但是一般的人分不出来，所以还是挑没有洞的来得好。浸泡海带的时候，要将海带剪成片，然后浸泡两到三个小时才行。

大家现在吃海带，一般都不会自己在家浸，一来干的海带也难买难挑，二来到底怎么浸发也没数，而且费时费力，倒不如去菜场买现成浸好的。菜场的海带不但浸好，而且还切成了丝，更省却一番手脚。其实菜场的海带丝不是用刀切的，而是用类似压面机之类的机械切的，所以粗细一致，怎么都要比凭空切来得好。

买海带的时候，用手抓一根捏一捏，如果一挤就烂的，那样的海带买不得，回家一烧就烂酥而不可食了，要挑有弹性的，那样的才好。海带买回家，可以拿一根尝一尝，生的也没问题，如果味道还是死咸，就得继续浸着，如果没啥味道或是微咸，便可烹饪了。

先想一想，怎么样的海带才好吃？当然是入味且有嚼劲的。要入味，就得用调料，有的人喜欢红烧，有的人喜欢糖醋，那么我就合二为一，来一道糖醋红烧海带；要有嚼劲，就不能烧过头，所以准备工作要做好。

起油锅之前，先将海带拿出来洗一下，然后将水沥沥干，否则锅里全是水，升温慢不说，还浪费了油。另外，准备一个碗，将糖和米醋以及生抽按各一份的比例调好，调好之后可以尝一下味道，依各人的爱好增减。

起油锅吧，油热之后放入海带，翻炒一两下就倒入料酒，怕腥的朋友可以事先用葱姜炝一下锅，但是会使得海带减少风味，我并不用。将海带炒匀，倒入配好的调料，盖锅焖烧一两分钟，起锅前再淋一调羹的米醋，这道菜就做好了。海带富含水分，一经加热会有很多水分跑出来，所以装盆的时候最好用筷子夹起放在盆子里，汤水就留在锅中让它去吧。有人说汤水的营养最好，梅玺阁主说美食的样子很重要，一盆清清爽爽的海带丝远远比一碗带汤带水的海带丝更能引人食欲，吃东西的心情才是最关键的。

很简单的一道菜吧？现在菜场中最便宜的"海鲜"可能就是海带了，喜欢吃海带的朋友有福了。另外要提醒大家的一点是海带富含碘元素，如果经常食用的话，要将家中的盐换成无碘盐，否则碘类太多也是有副作用的。在盐中加碘真是无厘头的想法，其实沿海地区全无必要。

话说"昆布"一词来源于日本，海带的食用也是从韩国和日本传到中国的。虽然中国现在是世界上最大的海带出产国，但是对于昆布的品种和调理方法上，日本依然是独领风骚，以后有空的话，我再来说一道"味噌昆布汤"吧。

●●● 鲜香椿炒蛋

现在菜场里的东西真的越来越多了，交通发达以后，物流方便，许多以前从来没见过的东西，现在都有了。比如说猴头菇，以前只是听闻，现在居然新鲜的都可以在菜场里找到。又比如说鲳鱼、带鱼，小时候听大人说这些海鱼是离水即死的，没想到现在的海鲜市场里都有活的，而且也不算贵。

这不，清明时节，我又在菜场看到了一样稀奇的，那是一捆小小的东西，不过一指来长，后面是嫩绿色的杆子，前端是玫红色的嫩芽，红绿错杂，交相辉映，煞是漂亮。一问，原来是香椿，香椿不是小时候常吃的玩意吗？上海人叫此物"香椿头"，南货店里一直有卖的，黑黑的一棵，上面全是盐霜，买来之后，洗浸扯扯碎，与泡饭同食，不过是和酱瓜、大头菜差不多的东西罢了。

摊上的原来是新鲜的香椿芽，多少钱？5元一两，注意，是一两哦！于是挑嫩的买了三两回去，炒了个鸡蛋，果然芳香四溢，美食不可挡也。

香椿的香，是一种相当特殊的味道，不霸道，但也不是简简单单的植物清香。后来，我做了一些"调查"，原来香椿里含有一种叫"香椿素"的芳香物质。最神奇的是，这种芳香物质能透过蛔虫的表皮，使蛔虫不能附着在肠壁上而被排出体外，因此可以用来治蛔虫病。

又好吃，又能治病，真是好东西，于是每当香椿上市的季节，我就买些香椿来，香椿炒蛋是个不错的选择。

我经常告诉大家买菜要"掐一下"，在叶柄上掐一下，可以看出菜老嫩的程度，然而那些都是几块钱一斤的菜。5元一两乃至8元一两的香椿，你去掐，恐怕会被老板打。那就只能靠看了，要看上去嫩嫩的，闻上去香香的，方是新鲜的好香椿。

香椿有两种，称为红芽和青芽，区别就在于香椿的叶色。上海并非产香椿之地，无人深谙此道，只是据说青芽的香味更甚，那就挑青芽的买吧。

有一种说法是炒菜之前先用开水烫一下鲜香椿，香气可以立马出来，这样的做法，香气的确出来了，只是满足了炒菜人的鼻子，等到炒好弄好端上桌，味道已经跑得差不多了。所以调弄鲜香椿的时候，要想办法把香味"裹"住，用蛋就是个好办法。

先将鸡蛋打散，加料酒加盐自不必说，想要多吃点香椿就少打几个，否则就反之，将蛋打匀之后，放在一边。

将鲜香椿芽洗净，沥干水分，用刀快速地将之剁碎，考究的可以先将椿芽摘下，将叶杆切成极小的片，香椿再嫩，终究叶杆还是稍微要花上一点力气的。等叶杆全都切成小片，再将椿叶混在一起，随便剁上几刀，此时已经可以闻到香味了，用刀铲起砧板上所有的香椿粒，倒入蛋液里，用筷子拌匀。

切香椿要快，切得慢则香气跑得多；油锅要事先准备好，锅洗净烧干，油放好，这些都是基本的准备工作。待到香椿切好就将火点上，然后待油温上来的时候，蛋液已经拌好，倒入锅内即可翻炒。

炒几下、炒多少时候？都由平时的口味而定，我喜欢将蛋炒得老一些，煎蛋则喜欢嫩一点的，这些都没有问题，炒好之后，就装盆起锅。

没有吃过的朋友一定要尝试一下，那种很难用文字描述的香气，保证你吃过之后，再也忘不了。

东西是好，就是尝鲜的时间太短，据说香椿芽上市只有半个月的时间，从清明前开始，过了谷雨其芽即老，不能食了。于是我忽发奇想，打算去弄一棵来种种，淘宝上找了一圈，发现不过三五十元一株，据说极易成活，来年即可食用。今年错过了播种的季节，只能等来年种下，后年吃了。

●●● 香椿头炒蛋

　　我曾经写过一篇《鲜香椿炒蛋》，为什么还有现在的这一篇呢？

　　首先，我想到了一条成语，一条蛮有意境的成语，叫做——"椿萱并茂"。香椿树是一种多年生的落叶乔木，传说中可以生长很多很多年，庄子说："上古有大椿者，以八千岁为春，八千岁为秋。"据说"椿"的名字就是这么来的，对于香椿树来说，人类的纪元，还只在树的春季，因此加个木字，便成为"椿"。谁都希望长辈长寿，所以后来就用"椿"来指代父亲，希望他永远年轻。

　　母亲，则常是操心的，思前想后，顾虑这个担心那个，于是人们希望母亲少想一点不开心的事。"萱"即萱草，说白了就是"黄花菜"，上海人则叫"金筋菜"。这种草有轻微的可以致幻的毒素，吃多了会产生幻觉，忘掉不开心的东西，所以又叫"忘忧草"，后来也用"萱"来指代母亲，希望她常常开心。

　　椿萱并用，指的就是父母。大家都知道我喜欢昆曲，明朝汤显祖的《牡丹亭·闹殇》中就有一句"当今生花开一红，愿来生把萱椿再奉"，说的就是杜丽娘与父母之间难以割舍的父母之情与养育之恩，愿意来生依旧做他们的儿女侍奉他们，多么真挚的场景啊！加上昆曲的缠绵曲调与演员们精湛的演出，怎不令观众们潸然泪下。

香椿虽然长寿，可是芽期甚短，想吃它，一年也就那么十几二十来天，实在是不过瘾。退而求其次，只能用干的香椿来做这道菜了，父母如果牙齿不好，亦不失为一道色香味俱全，且易咬嚼的好菜。

干的香椿，上海人称之为"香椿头"。上海以前没有新鲜的香椿芽，所以香椿头只指这一种东西。纵然新鲜的香椿芽是极金贵的东西，可是香椿头却是价贱之物，以前一般的菜场都有卖，现在则只有南货店有售了。

干的香椿头，是用盐腌的，一棵一棵的小香椿，较新鲜的香椿芽要长一点，想想也是，这玩意极嫩的时候就摘下来卖大价钱了，来不及摘的，就等长大了腌起来卖钱喽。

买香椿头，有讲究，首先要看腌得透不透，腌得不透的香椿容易烂，要拿起来仔细看一下，选叶芽完整修长，但是没有烂掉的。拿一把香椿起来，要松松散散的，那表示水分已经被盐吸收，如果乱糟糟地团在一起，也要不得。

干香椿是可以"掐"的，反正不值钱，尽管掐，当然要买掐得到叶杆的，那样的比较嫩。不要以为长的好看，长的一定比短的老，所以要挑矮矮胖胖的那种。还有盐，盐不能是一块块的，那是为了增加分量加进去的盐，盐应该是很均匀的，黏附在香椿上的，那才是一开始腌时就用的盐。

香椿头买来可以久存，只要放在通风的地方即可，想吃了，就挑个三四棵出来。我说鲜香椿不能水烫，否则不香，但是盐腌香椿头则不同。盐腌之后，香味已经被"锁"住了，烫一下不妨；最最关键的是，不用热水退一下盐，保证齁死你。

所谓的烫，不必是沸水，学过物理的人都知道，物体的溶解度与溶剂的温度成正比，所以热一点的水可以溶解多一点的盐。一般的热水就可以了，将洗净的香椿放在一个碗里，碗里放热水，将香椿浸上十五分钟，待水开始转凉，就将香椿拿出来，再用冷水淋一下，沥干后切碎。

切的时候，尽量切得小一点，三四棵香椿头可以切个小半碗。切好之后要尝一下，如果依然咸得发苦，则要再用热水退一次盐，若是吃上去咸咸鲜鲜的，就不必了。

打蛋，我一般是四棵香椿头三只蛋，视香椿的咸度添减。打蛋，放料酒，倒入切碎的香椿头，不必放盐了，香椿头是咸的，再放就要咸出问题了。

然后就很简单了，起油锅，倒入蛋液翻炒。等炒好了，就给父母端过去吧，孝心不见得要大鱼大肉，简简单单也可以。

●●● 夜开花塞肉

看特级校对陈梦因的书，经常看他写到一种叫做"夜香花"的东西，他一会儿说如何采摘，一会儿说如果洗涤，再就是怎么用来腌瑶柱，怎么来炒，等等。反正这件从来没有听说过，也没见过的东西，成了我最向往尝试一下的美食。夜香花，多好听的名字，应该是种很好看的花吧，应该有着香香的味道，入菜一定很美……

哼，上海也有的！一字之差——夜开花，也好听，也好香，也好吃！

有一次，西安的美食家小天到上海来，我就陪他一起去逛菜场，这是真美食家的玩法，看看各地的菜场，问问各地的物价。美食家讲究的是家常菜，那些挂着烹调协会名头走南闯北吃鱼翅海参给饭店打分的家伙，不是美食家，只是个饭袋子。

逛着逛着，小天问我："你们上海有这么大的茄子吗？"

我往前看，不禁莞尔。果然，的确很像茄子，长长的、粗粗的，皮是翠绿色的，像极了绿色的茄子，虽然上海绿色的茄子并不多见。

"哎呀，这是夜开花呀，你没吃过？我做给你吃！"

夜开花是上海、宁波以及苏锡常的叫法，颇有诗意；解放前上海有首歌叫《夜来香》，也颇有诗意，只是后来被作为黄色歌曲禁了几十年，让大家都不得闻其香。

夜开花也很香，只是生的时候可能并不觉得。夜开花也叫瓠瓜，某些北方的朋友应该并不陌生，只是可能吃法不尽相当。不管买什么东西，总是要挑新鲜的买，新鲜的夜开花，两端表面有硬硬的绒毛，颜色均匀，绿得发亮，表面没坑坑洼洼的坑点与疖癣；我要做的是夜开花塞肉，所以要挑又粗又长又直的买。

买夜开花之前，要准备一点肉糜，肥多瘦少的那种，用料酒和盐腌起，加入淀粉拌匀。上海人用肉糜很少搅打起劲，我们就遵用古法，还是用淀粉来起到粘合的作用。考究的做法，事先浸些香菇，剁成末；浸发干贝，扯成丝；浸发开洋，切成粒；浸发扁尖，斫成丁；然后将这些与肉糜拌在一起，这些都是吊鲜的东西，真正可谓"下血本"也。

夜开花买来，洗是很容易的，水里冲冲就是了，反正还要去皮。皮，不必用刨刀刨，嫩的夜开花，只要用菜刀刮一刮，皮就下来了。仔细地刮刮干净，不要残留任何翠绿色，刮好之后应该是漂漂亮亮的淡绿色。

刮好皮，切段，段要多长呢？半指长短，也就是两枚象棋的厚度，差不多的样子就可以了。夜开花即使长到萝卜般粗，也没有什么籽，所以切成的段就是白白的一块，去找一把薄柄的不锈钢调羹来，用柄作刀，在夜开花的芯里挖一个洞，洞可对穿。洞不要太小，太小塞不得多少肉；也不要太大，肉多了也不好吃。

依然用调羹柄，将拌好的肉糜，仔细地塞到夜开花的洞里去，塞要塞紧，洞口稍稍凹下去一点没有关系，那样肉糜比较不容易掉出来。

起一个油锅，油热之后，将夜开花一个个地洞口朝下炸一下，把洞口的肉炸老，也能使之不掉出来。两面都要炸一下，如果偷懒的话，其实也可以不炸，那样的话就要记住一开始火不能太大，否则会变成肉汤煮瓠瓜。

每一面只要炸一会儿就可以了，等所有的过了一遍油，就全部放在锅中，就连按出来的芯子，也一起放在锅里加水煮。敞口的铁锅，如果放水盖过夜开花，那得好多好多的水，根本别想收得干，所以只要半淹即可，然后开中火炖煮，加盖。

由于是半淹，所以过十几分钟，要开了盖子用筷子将所有的夜开花翻个身，再盖上盖子煮十几分钟。等再开盖的时候，可以发现四周的夜开花有些已经不是硬质的了，而是变成了半透明的软软的样子，用筷子将四周的拨到当中，把当中的翻出来，反正得让这些东西受热均匀不是？

放生抽，以前是放酱油的，但是会把整锅菜都弄得黑黑的，还是现在有了生抽来得好，一条夜开花，只要一调羹到两调羹生抽就足够了，肉糜里已经放过盐了，现在要解决的只是外面的问题。汤水应该有点颜色，如果实在太淡的话，放半调羹生抽即可。这道菜，一定要看得出夜开花的颜色方为成功，而且不宜久煮，夜开花要绿才好，黄则败兴。

保证好吃，这是家传的古法夜开花塞肉，保证一口咬下去可以尝到夜开花特殊的清香。有许多朋友说沾了肉荤便失去了草香，说粽叶扎肉没有粽箬香，荷叶包鸡没有荷叶香，其实最最关键的是没用新箬叶和新荷叶，加之炖煮蒸烧时间过长，当然香气尽失。

但是夜开花塞肉这道菜，是一直站在灶边等出来的，待夜开花一熟便即起锅，才能裹住香气。怎么样算熟？等夜开花的那个圈，颜色全都变成似果冻般的绿色，看上去不硬了，就熟了。放少许一点点的糖盖盖酱油气，即可装盆。

装盆有讲究，先把那些已经烧烂了的芯子放在盆底，再将夜开花一个个夹出来码在盆里，汤水不用全倒在盆里，只要意思意思即可。别小看那些芯子，等一人一个分掉了夜开花，意犹未尽还想再吃却没有的时候，芯子就是好东西了。用肉汤炖出来的芯子，又嫩又鲜，保证也是令人赞不绝口。

这样的一道菜烧出来给西安的朋友吃，是不是一点都不丢上海人的脸？可我还是丢了。那回买了十几样食材和小天回到家中，等一样样东西都拿出来，我和小天异口同声叫道："夜开花呢？"

哎，被粗心的我忘在肉摊上了！

●●● 肉末四季豆

　　小时候，不知道什么原因，很怕同学知道小名。其实我的小名挺响亮的，就叫"亮亮"，虽然老爸说应该写作"量粮"，但是上海话的发音是一样的。

　　每个同学都是如此，大家都把自己的小名掩盖得很好，有时碰到同学家长唤起小名的话，被叫的简直像被揭露了很大的坏习惯一般羞愧，不知道为了什么。

　　现在好像不是这样了，小女的小名全幼儿园都知道，后来进了小学，小学与幼儿园只有十米之隔，不用几天小学班级的同学就知道了，再过几天，老师们也跟着叫小名了。

　　小女的小名是"豆子"，因为小，所以都称她"小豆子"。可能就是小名的关系，小豆子从小就喜欢吃豆子，最早的时候最喜欢吃毛豆，应季的时候几乎天天要给她煮毛豆吃，所以她还有个小名叫"毛豆"，妈妈经常这么叫她。

　　小豆子喜欢吃除了扁豆之外的任何豆子，毛豆、小寒豆（豌豆）、长豇豆、刀豆、芸豆，清炒的、水煮的，都很喜欢。现在这么大了，还天天一边做作业，一边吃熏青豆，弄得她的祖母特地去朱家角买。

上海周边的小镇，深擅熏青豆、笋豆等用毛豆制作的零食，但是城里人一般吃豆，无非就是清炒、水煮，翻来翻去也就这么些花样，最多毛豆还可以用糟油浸浸变成糟毛豆，扁豆可以红烧烧，再要细想的话，也只有长豇豆可以爆爆，加点糖醋罢了。

整天这样清炒，再喜欢的人也会厌的，怎么也得翻翻花头，于是我就学来了一道肉末四季豆。

肉末者，肉糜也；四季豆者，刀豆也。因为这道菜原不是上海人的烧法，所以还是用本来的名字。肉末一词，有的朋友说应该是"肉沫"，的确我也在北方的许多菜单上见过这个词，比如"肉沫炒蛋"、"肉沫茄子"、"肉沫豆腐"等。搞不懂的字，我们就查字典，答案很简单，"沫"只能指"液体形成的许多细泡"，而"末"可以用来指称"碎屑"，肉糜不就是碎肉吗？为了阅读的方便，我们菜名用原来的，行文还是用"肉糜"和"刀豆"。

肉糜，不管是剁的、切的、搅的、捶的，反正都是细小的碎肉。以前要肉糜，一般买菜场中现成的，那种肉糜是用搅肉机制成的，而搅肉机在上海话里叫做"摇肉机"，因为最早的家用搅肉机是手摇的，所以这种肉糜上海人称之为"摇肉"，"买点摇肉"是经常可以听到的上海话。

随着食品卫生的考量不断提高，越来越多的摇肉被发现摊贩在制作时不但放入了瘦肉和肥肉，同时还放了诸如淋巴之类的不能食用的组织，于是大多数人都不愿意买事先摇好的摇肉了。

勤快的主妇会买了肉自己剁，偷懒的则在肉摊上选好之后让摊主当场加工成肉糜，但是摊上总归没有家里干净，而且肉糜又没法洗了再吃，所以最好还是自己拿回家剁的好。

买上一块肉，最好是夹精夹肥的，那样的话才好吃。买回家，去皮后洗干净，先切片再切丝，然后切成粗的肉粒，最后再来来回回地剁成肉糜，剁的时候可以往肉里洒一点点料酒，可以去腥，也可以免得刀面沾上肉。

刀豆买来每一根都要掐过，将两头摘去，如果刀豆太老，掐头的时候会有筋带起来，要尽量撕去，撕得越多则越嫩。

将刀豆切成丁，就是切成长短与粗细相仿的段。切刀之前，将刀豆码放起来，弯的那种挑出来放在一边，将直的码放在一起，一次码个十来根，就可以一排排地切了；等直的全都切好，再切弯的，然后稍微撒上一点盐，将刀豆稍稍腌一下。

许多的菜谱都说先放油，我的方法不一样。将肉糜放在锅里，然后点上火，先开中火再改小火，将肉糜烘着，用镀铲将肉糜打散，边烘边划，一直要把肉糜烘到粒粒分开为止，否则一坨坨的影响口感。

刀豆由于腌过，会有水分出来，将水弃去，然后倒入锅里，与肉糜一起翻炒，如果肉里的肥肉少，那就再放一点油，反正现在的食用调和油没有油腥，后放也没什么关系。

刀豆不炒熟吃是要死人的！虽然说这句话有夸张的成分，但是生刀豆的确是有毒的，吃了会产生呕吐、腹痛、腹泻等症状，每年都有报道说有人吃了半生的刀豆出事送医院。刀豆的毒素经过加热就会分解，一定要熟透才可以吃，所以这种斩成小粒的炒法更科学。

然而只是这么不断地翻炒，还是不能将刀豆完全炒熟的，依然需要放上一点水，盖上锅盖来烧。水不要多，一点点就可以了，水多了是煮，100℃最多了；水少的话是蒸，水蒸气上来，不止100℃。盖上盖子烧，每过二三分钟将盖子打开翻一下，火不要太大，太大的话没接触到水的刀豆容易焦，水干了则要加水，前后也得有个十来分钟，才能保证刀豆完全熟透。

然后将盖打开，将火调到最大，不断地翻炒，一定要将水分炒干，否则刀豆不会好吃的，要将整个菜炒得干干松松的，才够水准。由于刀豆是腌过的，口味淡的朋友可以不必放盐了，否则的话，加盐加生抽都可以。

这道菜看似容易，实则很难炒好，油一定不能多，因为豆粒小，浸在底下的油里会变得非常非常油，若是专门用来过泡饭吃，倒也不碍。喜欢吃辣的朋友，要事先另起油锅，爆香蒜末和辣椒后再放入肉糜和刀豆，其余的步骤则相同。

很好吃的，试试吧！

●●● 蘸酱洋蓟

如果问我天下最怪的食物是什么，我想我会说是 artichoke，一个"洋名"，译成中文的话，有各种名字。有叫它"洋蓟"的，很"洋"是不？噢，它还有一个土名，叫做"朝鲜蓟"，这就够土了。

这个东西的名字的确有许多，学名叫做 aynara scolymus，而英文名 artichoke 则又来自意大利北部词语 articiocco 和 articoclos，而后者又来自利古里亚语（Ligurian，意大利土语）cocali，意思是"松果"。就算在中文里，也还有"洋百合"、"法国百合"、"荷花百合"等名，而在香港则由意大利的发音译作"雅枝竹"或"亚枝竹"，名字够多了吧。

为什么说这种食物怪呢？首先是它的样子怪。

这玩意看起来像是尚未盛开的莲花，不过是绿色的，所以也叫"green artichoke"，然而它也有紫色的品种，当然是"purple artichoke"了。好玩的是，在不同的地方，它的颜色就不一样。比如说，在美国、在西班牙，以及智利和土耳其，它就是绿的；而到了意大利和埃及，它就是紫色的了。甚至，它的形状也有不同，在别的地方它的叶瓣是平的，而在秘鲁，叶瓣的正中线会凸起，形成一条硬刺。

它长得像莲花，但是如果摸摸它，它是硬的，很硬。这个玩意个子不小，大的有椰子那么大，小的也有握紧的拳头般大小。由于它并不怎么鲜艳，所以我前面用了"叶瓣"这个词，然而细究起来，它却确实是花。整个 artichoke 其实就是一朵花，深入探讨的话，它甚至是菊花的一种，怪吧？

这个玩意盛产于地中海沿岸，是法国菜和意大利菜中常见的，据说根据研究，artichoke 是人类最早的食物之一。由于它怪，所以有许多的故事，在 16 世纪的时候，只有男人才可以食用它，因为当时的人们相信 artichoke 可以壮阳并且提高性欲。

在美国，人们也都很喜欢这个怪玩意，玛丽莲·梦露甚至在 1949年还当选为第一届的加利福尼亚 artichoke 皇后。美国的食用 artichoke，几乎百分之百地产自加州，因为它喜欢干燥的土地，以及不高不低的气温。

这个看似很"洋"的东西，其实中国也有，早在解放前，就由法国人带到了中国，在云南和上海种植。直到现在，云南还有上万亩的洋蓟地，而上海的农科院最近正把它作为经济作物进行推广。

说了半天，还是没有说到怎么吃。这玩意的吃法也很怪，有非常容易的吃法，也有难的。

容易的吃法是到法国菜、意大利菜餐馆去，点上一份，端上来一个大盆子，中间小小的一堆，看似土豆的小块，上面淋着酱汁，用叉子叉起来塞进嘴里就是。

然而美国人不这么吃，它们吃得很怪。

怪到什么地步？在美国流传着这样的一个故事：说是有一回，某个像 Google 那样的大公司，要找一个总裁，有一个人董事会很看得中，就一起吃饭，想在席间聊聊将来如何发展。不幸的是，那天的晚宴上，就有一道 artichoke，偏偏那位"业务精熟"的老兄没有见过artichoke，捧着个"大莲花"，不得其门而入。结果董事会的人就决定不要他了，"连吃都不懂"的人，他们不要。

好了，好了，不卖关子了，听我从头说起。

在加州，到处可以买到 artichoke，当然，美国只有绿色的。挑选这个玩意，就像我们中国人挑选卷心菜一样——同样大小的，要挑重的；同样分量的，要挑小的。就像卷心菜一样，分量重，包得又紧，才是好的。另外，你可以用力捏一下，如果听到"吱吱"的摩擦声，说明它够新鲜，吃起来更香甜。

artichoke 的大小很有区别，大的可以是小的几倍大，有时这玩意不是论分量卖，而是论只卖的，那样你不妨挑个大一点的，然而也不要太过黑心，这个东西挺能吃饱人的，否则恐怕也不会成为人类最早的食物之一了。

买来以后，要烧上一大锅水，水里放一点点盐和醋，如果不用醋的话，可以放几片柠檬。醋和柠檬的功用在于使煮好的 artichoke 不会变色，否则黄黄的就不漂亮了。

烧水的时候，可以来调理一下 artichoke。用刀把根部齐齐地剁下，这个东西挺硬，剁的时候要小心一点。然后拿一把剪刀，把每个花瓣的尖顶剪掉，每当我在剪那么硬的花瓣时，我的心里总是不能承认这一片片的是"花瓣"而非"叶瓣"。不过想来也是，花菜也是花呢，岂不是也和一般的花不一样？剪好的 artichoke，从边上看过去，简直就像是被剪了叶子的棕榈树干，很是滑稽。

水也烧开了，可以将 artichoke 放入水中煮，由于剁去了根部，它很容易地"坐"在锅中。煮"洋蓟"要用"洋锅"煮。大家知道，中国的锅子很薄，适宜炒菜，而洋人的大锅底超厚，适宜做酱和煮食。那种大锅还有一点好，洋蓟"坐"在锅底，不会被煮焦，因为厚底的锅传热比较均匀。

要煮多少时候呢？四十五分钟，在这四十五钟里，你可以准备准备调料，摆摆桌子。其实吃洋蓟没有固定的调料，你想蘸什么都可以。Mayonnaise 是比较好的酱料，中文译作"美乃滋"，其实就是色拉酱，可以用油和蛋黄自制，加入少许盐、胡椒和柠檬汁即成（具体做法可以参见拙著《上海土豆色拉》一文）。当然，油醋汁也是一种挺好的选择，虽然在意大利餐厅用很考究的分层瓶装油和醋，在倒出时才混合起来，但是你完全可以在小碗里放点醋，再放点橄榄油。

等时间到，就可以拿出来吃了，这个东西烫得很，根本就是个"热球"，小心不要被烫着了。沥去水后，放在盆子里，样子几乎没有变化，就是花好像"盛开"了一些。

这样的一盆东西放在面前，你不用拿着刀叉去比划，你肯定也像那个应聘 CEO 的人一样，无从下刀。用手吧，用手很方便，美国人吃比萨都用手，吃这个也用手。

用手把最底部最外层的花瓣剥下来，这个花瓣是可以吃的，但是你千万不要把整个花瓣往嘴里一扔，非噎死你不可。吃 artichoke 的花瓣，要用拇指和食指捏住花瓣的尖，花背朝上，蘸一下调料后送进嘴里。然后用下面的牙齿咬住半片花瓣，由于花心的那面要比花背的那半嫩，所以容易咬住。一边吮吸一边用手轻轻地往外拉，下面的牙齿就可以刮擦下花瓣上的可食部分了。

吃 artichoke 要有点耐心，就这么扯一瓣，吸一瓣。有的人相当有耐心，不但吃得有耐心，就是吃好的花瓣，也会依次放在盆中，排得整整齐齐的。花瓣的味道，有股特殊的清香，吃上去粉粉的，甜甜的。

吃到后来，花瓣的颜色会越来越淡，也会越来越软，吃到最后，花瓣完全变成了白色的柔软花片，只有顶端是紫色的，这时，你可以直接吃了，而不用再麻烦地去吮吸了。当然，你别小看这么软的花，要小心花尖上的刺，每瓣顶上紫下面白的花片，在前端都有一根很小很硬的刺，所以你依然不能将整片花都放到嘴里去嚼。

这时的 artichoke 异常美丽，绿色的底座，白色的顶面，加上紫色的隆起，就像一个圆台，带着妖艳的气息。

你要用一把刀，把顶面和底座连接的地方割开，拿掉顶面。这时就更怪了，原来圆台里面大藏玄机，你会看到一层毛状物，白色的或是微黄的，呈放射状的密密麻麻地排列着。这些毛状物是不能吃的，否则喉咙会极其难受，用把刀将之剔去即可。

剔去之后，会有一块像蛋挞心一样的东西，看上去又像是个厚厚的小碗。这块就是 artichoke 的精华了，法国菜、意大利菜中，所使用的也就是这一块。

吃到这里，就相当容易了，剩下的那一块"精华"，你想怎么吃就怎么吃，你可以切成小块，蘸酱吃，也可以把酱料倒在里面，用勺子舀着吃。反正，吃到这时，你也算是会吃 artichoke 的人了，好好享受美食吧。

大葷主菜

Menu

炒荸之蹄筋海参　　　咸菜烧鱿鱼

清蒸白水鱼　　　　　老娘秘制大排骨

干烘马鲛鱼　　　　　陆稿荐酱肉炖豆腐

葱姜炒蟹　　　　　　田螺塞肉

蟹腿蟹钳炒蛋　　　　咖喱椰浆炖锁骨

墨鱼蛋炖蛋　　　　　葱爆羊肚

虾仁滑蛋

●●● 炒荤之蹄筋海参

　　新年又快到了，上海人说"过年"，指的一定是农历年初一，也就是平常人们常说的春节。那么 New Year 上海人又叫什么呢？上海人把阳历 1 月 1 日称之为"元旦"。所以，上海话中"过完年"、"过好元旦"，完全是两件事，不用说"阳历年"、"农历年"，大家一听就明白。

　　上海人就是这么讲究！谁说上海人不注重传统文化的？但要纵观全中国，上海可能真的是最不注重传统文化的了，那当然也没办法，上海是全国现代城市化最早的地方嘛！

　　别说上海没有盂兰盆会，不给地藏王菩萨做生日，上海人就连十二月初八，现在也很少有人在家做腊八粥了。至于"小年"一说，年轻的上海人简直闻所未闻。

　　小年是农历十二月二十三日，俗称"腊月廿三"，传说中这一天灶王爷要离开人间去到天上向玉皇大帝报告该家一年的善恶，因此民间有"送灶"的习俗，要在这天用各种各样的糖制品、糯米制品来供奉灶王，以期他吃了这些东西之后嘴巴被黏住，不能上天开口，也就没法向玉帝报告这家人家做了多少坏事了。

在农村，小年就是一个大日子了，家家户户祭灶送灶。从这天开始，就要准备过年的事情了，打扫卫生、磨面磨豆、杀猪宰羊，在外的孩子们陆陆续续回来，就要正式过年喽！

上海人不过小年，上海人也不送灶。后来我想想倒也对，上海早就城市化了，市区住房紧张，连灶间都是公用的，那到底是供一个总灶神呢，还有各家供各家的灶神？万一你家的灶神说了我的坏话怎么办？那送灶供灶几家合供呢，还是各供各家？

这么麻烦？是啊，就这么麻烦。上海的住房，是著名的"七十二家房客"，虽然说是夸张，但黄金地段，一幢三层楼的石库门房真的能住十几户人家，用十几个灶头并不是件很稀奇的事情。那十几家肯定很难达成一个统一的意见，肯定有人主张公办有人主张私行，我猜是众口难调，大家一想，算了吧，大家不供灶王，这总吵不起来了吧！于是，上海人就不供灶王了，原来是"三个和尚没水喝"啊！

好吧，虽然上海人不讲究，但上海人还是过年的，上海人过年也很好玩的。关于上海的年夜饭，我在许多文章中都提到过，必有八宝饭，有鱼，有蛋饺，有鸡汤，有银丝芥菜，有熏鱼；还有一道炒菜，也是几乎家家都有的，而且好玩的是，这道菜并不稀奇，却只有在过年的时候才炒来吃，平时却很少会去烧，这道菜就是蹄筋炒海参。

说成本，这道菜的确不便宜，哪怕在过去也不便宜。拿现在的价格来说，发好的蹄筋是二十多元一斤，发好的海参也差不多这个价，外加冬笋去壳后折算也要二十多元一斤，过去的人实惠，以同样的价钱，可以买鸡买鱼，所以平时在家宁可吃"硬货"，却不舍得做这道菜。这道菜，很难调理，所以主妇们偷懒，也不高兴弄，宁可买鸡买鱼，弄些拿手菜，更来得方便。

海参，算是山珍海味了吧？其实上海人过年吃的海参，可能是海参中最便宜最普通的品种了，但怎么说呢，好歹也是"上档次"的食材，过年打打牙祭开开荤应应景，所以就有了这么一道菜。

蹄筋，是猪的蹄筋，不是猪肉摊卖的，而是南货店卖的。精明的上海主妇买蹄髈时，会仔细检查，看看蹄筋是不是已经被抽走了，有种猪蹄上有一个很小的刀口，那就是抽蹄筋用的。如果蹄髈被抽走了蹄筋，还与普通的蹄髈卖一样的价钱，那就是做生意不厚道了。

新鲜的蹄筋抽出来之后，有油炸和晒干两种保存方法，南货店中也各有售。但上海鲜有自购自发者，一般都是到菜场买现成的，特别是春节前后，菜场的水发摊更是会多多备货，以供售卖。

买水发蹄筋，要摸一摸，捏一捏，滑腻的不能买，一捏就烂的不能买，捏不动的是还没发好的，也不能买。挑选，要挑粗细和长短相仿的买；虽说是越粗越好，但如果买了十来根都很细唯独一根特粗，放在一起就很突兀，所以还是粗细差不多的好。

买十来根蹄筋，再买十来条海参，水发海参是同一个摊上的东西，很是省事。买海参不但要摸要捏，还要闻，如果闻着腥臭，那就不行，要闻着一点味道也没有，捏着有弹性的，那才是好货。海参是粗的好，长短倒也无所谓。

有些老板会不让客人摸，那样的是关公卖豆腐——人硬货不硬，你就只能多走一家了。其实过年的时候，在菜场逛逛很不错的，那时各个摊子都是备足了货铆足了劲拉生意，只是千万要小心财物，钱包一定要藏好。

很多主妇会在水发摊再买些肉皮，加在蹄筋和海参中，三样东西的口感差不多，而肉皮相对要便宜一些，加在里面既可以充数，也可以增加品种，是个挺聪明的想法。

蹄筋、海参、肉皮，都是水发的，水发的玩意肯定是浸在水中的，所以买的时候，要甩干水分，否则清水卖了海参价，那成本何止翻番啊！不法奸商会想尽办法把水弄到水发货中去，这就需要斗智斗勇，好在现在许多超市也有售卖，倒是明码实价，绝不短斤缺两。

还要冬笋哦，千万不要忘了。关于冬笋的调理，别的文章中好多次提及，不再详述，反正做这道菜需要切片水煮去辣味的冬笋片若干。

三样东西拿回来，不是立刻就吃的话，要依然浸在水中，当然，摘洗清爽了浸更好。蹄筋上或多或少会带有一点肉，要撕去，特别是靠近脂肪的地方，颜色已经发黄，也要拿剪刀仔细地剪掉，反正修剪蹄筋，以使其变成雪白的一条。

海参，用剪刀纵向将腹部剪开，腹部就是相对软一些的那面，硬的是背部。海参的构造很简单，当然这是我的看法，不是生物学家的。海参的肚子上有些黏黏的组织和细细长长的管子，有些海参的肚子里还有白白的石灰质或者黑黑的泥沙，这些东西都不要。洗海参最容易，反正剖开肚子，里面的东西一概不要，一边用小水流冲着，一边用手指甲刮净腹壁上的黏质即可。

肉皮，也要仔细地调弄，有毛的要拔去。大多数肉皮在制作的时候并不是将毛拔净，而是用剃刀刮去的，所以油炸水发之后，毛又露了出来，因此要仔仔细细地拔去，特别是黑毛猪的肉皮，一根根黑色的毛茬留在皮里，恐怕会令食客大倒胃口。

三样东西都洗好，然后就将之切块，蹄筋可以切半指短，海参可以切得稍微短一点，太长的话口感不佳，肉皮呢，则切成红烧肉的大小即可，太大吃起来不方便。

切好之后，三样东西浸在一起也没关系。然后该干吗就干吗，年夜饭一定还有许多别的菜要准备的。

在炒之前一刻钟，将三样东西拿出来沥水，蹄筋和肉皮要捏一捏，把其中富含的水分挤出来。及至要炒的时候，炒锅里放一些油，如果有鸡油更好。油不用太多，如果是荤油的话，就烧得热一点，将三样东西放入翻炒。

年夜饭的时候，家里一定有鸡汤的。我一直说鸡汤要用老母鸡，要放火腿，所以你家里正好有一大锅鲜美无比的鸡汤。

蹄筋、海参和肉皮，都是没有鲜味的东西，所以一定要用别的东西来吊鲜，把味道引出来。

舀一小碗鸡汤倒在锅里，加一点点的盐，鸡汤中的火腿已经炖出咸味了，所以只能放一点点的盐。然后将冬笋片放入，盖上盖子用中小火焖一会儿。

取一个空碗，放一调羹淀粉，再放入小半碗的冷水，用手指调匀。别和我说卫生不卫生的问题，做年夜饭的人在大年夜，双手已经不知道在水中浸了多少回了，早已经比放了三天的空碗要来得干净。

再烧一会儿，好的蹄筋、海参和肉皮，是久煮不烂的，时间长一点更能入味。开盖，换成大火，待汤水沸起之后，再搅拌一下水淀粉，倒入锅中，同时翻炒。淀粉碰到高温会变得稠厚，上海人谓之"着腻"，待汤水先变混浊，再变厚，又变得透明之时，就可以盛起装盆了。

盆宜用深盆，但不要将所有的汤水都盛上去，这是个炒菜，不是大汤，所以汤水要少。此菜亦不宜最后撒把葱花，虽然可以有些香气，但是撒葱花是小海鲜做法，海参可是上台面的食材，就算小也得讲点身价不是？

蹄筋就讲到这里了，年夜饭的东西我也说过不少了，常看我书的朋友，相信你一定可以亲手调弄出一顿像样的年夜饭来了。

祝大家新春快乐，阖家健康，心想事成，来年更上一层楼！

●●●● 清蒸白水鱼

　　我这个年纪的人，小时候大多数家里很穷，就算不穷，有钱也买不到东西。没有人家里有空调，没有微波炉，没有热水器，没有洗衣机；只有极极极极少数的人家里有解放前留下来的冰箱，还是用煤气的，就算能用也没人用……

　　所以我极其讨厌那些和我同龄的女人说："哎呀，一天勿调衣裳哪能来三啦（怎么行呢）？臭煞脱了。"我们都同样大小的人，就算你们家小时候住在花园洋房里，不也得拿个浴罩拎两桶开水才能洗个澡吗？还天天洗，大冬天能一周洗一次已经不容易了，那个年代，连内衣都不可能天天换，怎么可能天天洗澡？

　　更气人的，还有些女人说："死鱼哪能好吃啦？"作为一个上海人，从小到大的黄鱼、带鱼、叉鳊鱼、橡皮鱼、青鲇鱼，就算是章鱼、乌贼鱼，你吃到过一条活的吗？别说吃了，除了电视上，你见过这些活鱼吗？就算电视，这些鱼活的样子，你见全过吗？

　　死鱼当然能吃的，就算如今的三文鱼、金枪鱼，也是死了运过来的。不说抬杠的话，虽然我吃过活的带鱼、鲳鱼、鲷鱼之类，但大多数时候说活鱼，也不过是四大河鱼外加鲈鱼、鳜鱼等几种罢了，我还记得第一次吃白水鱼的事呢。

还是得说以前，以前交通不发达，好东西运不过来，人也出不去，至少在高中毕业以前，我只去过苏州、无锡和北京；进了大学之后，才有一次与同学们一起去同里的机会。我的父亲听说我要去同里，就说："赞个呀，好去吃白水鱼了。"

现在去的话，可能也就比上班多踩几下油门的事吧，那时可不得了，我们几个要好同学，起了个大早，坐公交车，再坐长途车到苏州，换长途车到同里，再换公交到了镇上，已经下午快吃晚饭的时候了。大家早已饥肠辘辘了，于是寻了水乡售票处门口的一家饭店，先吃晚饭再寻宿店。

那时起，点菜就是我的事了，倒不是我那时就懂吃了，而是"穷人的孩子早当家"，那时的我已经绝对坚持"先问价钿后张嘴"的原则了，同学们对我比较放心。点了菜，点了饭，当然还点了白水鱼。饭店老板从冰箱里拿出白水鱼的时候，我们有个女同学就来了一句："死鱼哪能吃啦？"

我真想踹她一脚，然后不让她吃，谁知她后来吃得比我还多。那顿饭别的都忘了，只记得白水鱼，依稀记得我们只点了半条，半条鱼既不是连头的半段，也不是连尾的半段，而是对半剖开的，头是半爿，尾巴则也是两片。我当时就很诧异，把头一劈为二不稀奇，可再快的刀，也不能把尾巴一劈为二吧？

不但样子，味道也还记忆犹新，记得鱼腹肥肥的，背部的肉则是一丝丝紧紧的，只是我没吃到多少，全被那个"不吃死鱼"的女同学吃掉了。

后来，我又吃过许许多多次的清蒸白水鱼，最好玩的是，每次我若点半条，总是半爿头、两片尾，我一直很好奇另一半没有尾鳍的卖给谁去，难道我就长着一张一定要有尾鳍的脸？虽然后来的许多次，都比不上第一次的味道，但依然鲜美肥嫩，是我每次到江南水乡，必点的菜之一。

必须承认的是，时代是在发展的，随着运输及保鲜水平的提高，活的白水鱼成了上海菜场中并不稀奇的东西。我五点下班后来到菜场已快落市，我们这边的菜场白水鱼论条卖，大的 20 元，小的 10 元，买上一条回家一蒸，就是一道菜，简单容易。

真的简单容易吗？也不尽然，我也是尝试了无数次之后，才摸索出了窍门。以前，我总是买来就蒸，可是蒸出的鱼，吃上去总是像死鱼，肉木木酥酥的，虽然我是看着摊主杀的。再后来，我不叫摊主杀了，买回家来自己杀，杀完立刻蒸，可问题依然。无奈之下，我有好长一段时间，没有再买白水鱼，而宁愿开着车到锦溪去吃，虽然远一点，但味道就是很好。难道是鱼不一样？请教了钓鱼的专家后，告诉我野生的和饲养的肯定是有区别的，但也不至于到这么夸张的地步，肯定还是有诀窍的。

又经过了许多次的尝试，终于被我悟了出来，原来白水鱼不是吃"活"的。白水鱼这样东西，肉质其实较鳜鱼、鲈鱼，都要疏松得多，趁活而蒸，反而适得其反。白水鱼，就像鲩鱼一样，一定要腌过才会好吃。

白水鱼杀却之后，去肠去鳃去鳞自不必说。用干净的布先擦干鱼身鱼腹，然后要在身上沿着同一个方向剖刀，每一刀的间隔大约一公分，那样的话，一条大的白水鱼，一面就要剖上十几二十刀的样子，撒上盐，盐不用怕多，两边都要撒上，然后抹匀。不但鱼身要有盐，鱼肚里面也要有盐，舀上一小调羹，撒在鱼肚里，抹匀后放在通风的地方。

腌多少时候？我的经验是两个小时左右，所以最好周末来做。等到腌好，用水将盐粒冲洗干净，将鱼一切为二，码在盆中。家中是不可能有蒸一条大白水的盆和锅的，所以一切为二正好。盆中倒一点点料酒，将小葱打个葱结放在其上，再切三四片姜片放在葱边，然后盖上锅盖隔水蒸，就可以了。

蒸多少时间？从冷水开始，十七八分钟，我用的是玻璃盖的锅子，放进锅后可以看得见里面，我可以看到鱼身的截面渐渐变白，也可以看到鱼眼变白弹了出来，那时鱼就蒸好了。

与鳜鱼、鲈鱼不同，白水鱼不用再加蒸鱼豉油，江南的鱼要用江南的吃法，吃的就是原汁原味。蘸点醋倒是可以的，但一定要用传统的米醋，镇江醋颜色太深味太咸，白水鱼已经腌过，不用再咸了。

这样的做法，保证肉紧而鲜。更有高级的做法，事先准备火腿笋片若干，于剖刀之缝中塞入，每条缝塞入一片，火腿笋片间次而放，待蒸好之后直接上桌，鲜美无比，乃是家宴中的"上档次"做法，所

133

费不多却能讨巧，贤惠主妇不可不知。

　　贤惠主妇于烧菜之外，还要知道，大多数男人听到"一天勿调衣裳哪能来三啦"，多半不会觉得这个女人干净，而觉得这个女人有点作，当然，大多数上海男人其实也挺喜欢女人作的。

●●● 干烘马鲛鱼

　　我写过一本关于上海话的书，书名就叫做《上海闲话》，也是由上海文化出版社出版的。这本书的写作花了我很大精力，因为语言方面的东西，不能像美食那样随手拈来，总要有根有据，要做大量的笔记工作，方能写成。在《上海闲话》中，我提到上海话中有许多词是外来语，比如上海人称手杖为"司的克"，就是来自英语的"stick"；同样上海称门锁为"司必灵锁"，则来自弹簧的英语"spring"，用来指代弹簧门锁。

　　上海话中的外来语有很多，如果写一篇专门的论文，估计也能写上好十来页。一种语言中外来语的多少，可以看出当地文化中受外来文化影响的程度。斗转星移，上海已经不是十里洋场的上海，上海也开始给外来文化带去了影响，这不，有一些特殊的外语，反而是上海的词。

　　有一个名牌叫COCAH，现在译成"蔻驰"，这个品牌是美国货，而美国也没多少大名牌，所以COCAH简直成了中国人去美国扫

135

货的不二选择。说来好玩，中国人要去美国买真货 COCAH，而美国人却要来中国买假货 COCAH，现在的美国人都知道，到了上海，去 cheap road，就可以买到各种品牌的仿制品。cheap road，指的是七浦路，上海的廉价衣服鞋帽集散市场就坐落在那里，这样的名字，实在是译得又巧又好，真正可谓"信达雅"。

再有，麻辣烫，一种内地传到上海的小吃，却在上海得了一个英文名字，就叫做 Mara Town，听上去还真像那么回事，甚至还可以在谷歌查到这种解释。最近几天，又流行出一种新的趣味译法来，就是北方人所说的秋裤，在上海叫做"棉毛裤"，有好事者用"洋泾浜"的语法将之反译为英语，成了"me more cool"，而且还有说头，说是里面穿了棉毛裤，又保暖又不着痕迹，所以"我更酷"。

前几天又听人说起有一种鱼，叫做 monk fish，说是鲜美无比，肉质紧实又有弹性，说是可煎可炸，还能包饺子。我一想，monk fish 不是鮟鱇鱼吗？虽然味道好吃，但从来没听说过可以包饺子啊？仔细询问了一圈，说是那种鱼长得和青鲇鱼有点像，说是小的两三斤，大的十几斤，想来想去，终于恍然大悟，原来说的是马鲛鱼，因为发音的关系，所以被喜欢开玩笑的朋友说成了 monk fish。

马鲛鱼有自己的英文名字，甚至"马鲛"两字还是从英文来的，它的英文就叫做"mackerel"。马鲛鱼是上海人的叫法，中国的山东沿海盛产此鱼，不过当地叫做鲅鱼，而且当地有用鲅鱼做水饺的习惯，我有幸得尝数次，果然人间美味，笔不能言也。

传统上，上海人讲究吃东海的海鲜，舟山的、象山的、宁波的，黄鱼带鱼都讲究要吃东海的，于是使得渤海黄海的鱼产吃得较少，马鲛鱼便也不怎么吃。

上海以前是有马鲛鱼的，然而是切成块浸在油里放在南货店卖的。以前的南货店有几只很大的化学广口试剂瓶，就是那种瓶口和盖子磨砂的瓶子，里面就放着马鲛鱼，我见过许多次，却从来都没有吃过。

再来说另一种鱼，是青鲇鱼，祖母一直说是发货，所以很少吃。后来呢，我知道了日式料理，很喜欢吃秋刀鱼，再后来，我想在家里做，可是找不到秋刀鱼，我觉得青鲇鱼很像秋刀鱼，就经常买青鲇鱼烤来吃，味道也很好。

有一次，我去菜场想买青鲇鱼，可是各个摊子都没有，走到最后一个，看到了很大的"青鲇鱼"，一问价格，是普通青鲇鱼的三倍，于是我就问摊主为什么这么贵，摊主告诉我，那个叫"马鲛鱼"。

要是仔细看，青鲇鱼和马鲛鱼还是有区别的，马鲛鱼俗称蓝点马鲛鱼，因为鱼皮上有蓝色的点，故名。挑选马鲛鱼，要选鱼皮闪亮的，河鱼一般有鳞，就算是没有鳞的鲶鱼之类，也都没有马鲛鱼那种闪亮的感觉。

鱼皮要亮，肉也要有弹性，用手捏一捏，要有弹性；再闻一下，绝对不能有任何的腥味；讲究的说法马鲛鱼是越大越好，但是三口之家，买得大了吃不了，一般的话弄条两斤左右的已经足够了。现在大多数海鲜摊都会负责开膛破肚，所以不用自己麻烦，买回来后，用刀在腹部刮一刮，洗净即可。

马鲛鱼要烘出来才好吃，所以要找一个厚底的锅，平底锅也可以，但是锅底要厚，或用砂锅也可以。鱼太大的话，可以切成段再烧。

马鲛鱼的做法和大多数鱼不一样，不用葱姜，不用料酒，就要慢慢地烘起来。将锅放上灶头，开火加热，先用大火，烧上两三分钟，然后改用小火，将马鲛鱼放入，会听到"嗞"的一声，然后声音慢慢地轻下来，渐至无声。

就用小火烘着好了，视鱼的大小，大约烘十五分钟至二十分钟，然后将鱼拿出锅，重新用大火烧热，再改为小火，慢慢地烘起来，还要烘上二十分钟，才算大功告成。还忘了说一句，烘的时候要盖上盖，因为火小，要靠热量积累起来才行，如果不加盖，热气完全散失，烘不透的。

然后就可以上桌了，最好准备一只柠檬，上桌的时候，用柠檬汁撒在鱼身上，不但可以代替米醋使用，还能将鱼的香气散发出来，使之更有风味。

就这么简单？是的，就是这样。马鲛鱼一般在秋天上市，记住日子，自己试下，保证好吃哦。

●●● 葱姜炒蟹

　　大闸蟹越来越差了，菜场的水产摊个个都有河蟹卖，没有一只蟹的肚皮是白的，全是"锈迹斑斑"。这些蟹全都号称是"太湖"蟹，只要看看桶里垫着的冰，就知道它们肯定来自极北之地，那儿气候凉爽，被运到南地之后，受不了这里的湿热，于是只能用冰垫着了。

　　这种蟹叫"辽蟹"，虽在当地也算是经济作物，但和阳澄湖、太湖的大闸蟹相去甚远，不吃也罢。

　　说到"辽"，让我想起一件在辽地发生的故事，也和蟹有关。

　　有一年，我去大连，大连有个著名的海鲜夜市，说是整整一条长街全是卖海鲜的，于是欣欣然慕名前往。果然，那是条步行街，在步行街的当中排开一溜儿的篷子，篷子的当中是灶头，四周是桌椅，现点现烧现吃。

　　"这个怎么可以这样烧啦？"就在我寻摊的时候，见到一个男人用南方口音的普通话与女摊主吵架。

　　"那你说怎么烧啦？"

"你要先把它切开的呀！"

"那它不要咬我啊？"

走近一看，原来是那个男人点了两只海蟹，说好葱姜炒的，结果女摊主烧了一大锅水，把活海蟹先烫熟，然后切块，起油锅再炒，那男的不乐意了，要求先活杀再炒，于是有了争吵。

问题是炒也炒了，吵也吵了，两个人都不能说服对方，不欢而散。我问那个男人从哪里来，他说是上海，我颇有"他乡遇故知"的喜悦，表示愿意亲自下厨做个上海人的葱姜炒蟹请他吃，可惜大概由于我生相怪异，被他一口回绝了。

于是我借了摊主的家伙，杀了两只海蟹，自炒自吃，倒也自得其乐，只是那位上海人，不知道自己错过了"大美食家"（砖头横飞啊！）亲自下厨烧给他吃的机会。

算了，他错过了机会，各位读者大人倒是可以听我唠叨几句，说说葱姜炒蟹的做法。

自己做蟹，当然是去菜场买来炒的，这种海蟹上海人一般称之为梭子蟹，以前只有死的卖。现在上海菜场活的梭子蟹已经不稀奇了，但即便是活的，也要避免买到空的。梭子蟹是大规模捕捞来的，就算是饲养的大闸蟹也有大有小，捞来的当然差别更大。大小其实无所谓，最关键的要饱满，相同大小的，越重越好。

别以为蟹的外壳坚硬，就无法做手脚了，不法奸商照样有办法把水注到壳里去来增加重量。所以买梭子蟹要捏一捏，怎么捏呢？将蟹拿起来，眼睛向上，肚脐朝着自己，用两只大拇指捏住肚脐上方两块特别白的壳，用力按一下，饱满的蟹按上去是很硬的，如果是空蟹或是注过水的，则是一按就瘪，并且会有水从蟹壳里渗出来。

相对来说，母蟹较公蟹好吃，因为有蟹黄。说来好玩，梭子蟹的话，一般称公母，而换成了大闸蟹，就要改称雌雄了。将蟹买好，顺便还要买姜和葱，就是最普通的好了。

不要怕被梭子蟹夹手，它们的钳是用橡皮筋捆起来的，否则的话将蟹放在一起，自己就要打起来，所以一从海里捞上来，就会被捆上橡皮筋。

蟹买回来，先用冷水清洗一遍，最好用小牙刷，将之仔细地刷上一遍，反正钳被捆住了，不用怕。然后用一把大的厨房剪，将两只蟹钳先齐根剪下来，这样就更无虞了。

将蟹翻过来，梭子蟹的蟹盖两边各有一个尖的角，看上去有点像梭子，现在要捏着这只角将蟹盖掰开。蟹盖很紧，不用点力还真掰不开，左边一下，右边一下，才能将之打开。

将肚脐翻开，对，就是蟹身反面那块半圆的东西，用剪刀将整块剪下弃之。再用剪刀剪开头部两片用来护住牙齿的壳，同样弃去。将蟹肚子的一排像百叶窗似的蟹肺摘下来，这个也不能吃。蟹肺的部位往往有泥沙，用缓慢的水流冲洗干净，水要小，水太大容易冲走蟹黄。

将蟹身的水滴滴干，再一折为二，用刀切也可以，然后每爿再一切为二。将蟹身竖起放在砧板上，将刀从第二、第三只脚的当中插入，用力快速剁开，刀要快，手势也要快，否则蟹肉会被挤出来，弄得一塌糊涂。如果刀工不行，还是用剪刀上，上面先剪一下，再下面剪一刀，最后将当中剪开，虽然麻烦一点，但可以保证不会将蟹肉挤出来。

将蟹切好，然后来弄蟹盖。如果只炒一只蟹的话，不妨将蟹盖放入，那样的话看起来比较漂亮；如果同时炒几个蟹，蟹盖就太碍事了。大闸蟹中有个硬硬的"蟹和尚"，是蟹的胃，不能吃，梭子蟹同样，但是较软，就是一个沙包，很容易弄破，所以要小心地摘除。如果蟹盖不炒的话，将里面的蟹黄全都挖出来，与切好的蟹块放在一起。

还记得蟹钳吗？刚才剪下来的。蟹钳要剁一下，否则吃的时候很麻烦。蟹钳有两段，每段都要分别剁碎。将之放在砧板上，有颜色的一面朝上，用刀背将之砸碎。千万千万注意哦，砸的时候不要将手放在钳子的当中，因为钳子是靠一片软骨来动作的，如果砸碎外壳带动那片软骨的话，蟹钳还是会夹人的，真正的叫做"死蟹夹煞人"，这可是有血的教训的哦！

至此，蟹的准备工作就算完成了，还有姜和葱。姜，洗净去皮切片，大约四五片的样子；葱，切段，寸许长的段，考究的做法是带葱白的部分切段，剩下少许切成葱花。

起油锅，将姜和葱段放入爆香，爆到几乎没有声音，葱白开始发黄，然后将姜片和葱段撩出弃去。江湖排档的烧法是将姜葱留在锅里的，考究的做法则在起锅时放入新的姜片和葱花。

将蟹放入锅里，加一点点料酒，翻炒后加盖烧个几分钟。在家炒蟹与饭店不一样，饭店里的火大锅大，蟹可以平铺受热，而家中锅小火力也不够大，蟹块往往堆叠，不容易炒熟，所以要加个盖稍微焖一下。不用担心蟹会被烧空，只要挑选得好，烧一下还是没问题的。

加一点点盐，炒匀起锅。蟹中水分多，一炒之后被逼出来成为蟹汤，与蟹黄在一起是绝配的东西，蟹吃掉之后，剩下的汤用来拌饭，其鲜无比。

葱姜炒蟹说到这里，再来补充一句。那个摊主，虽然吵架时挺凶猛，但是经我说明之后，倒也虚心向我请教，于是阁主将生炒海蟹的诀窍全都传授给了她。如果大家以后去大连玩，在海鲜一条街上吃到生炒的梭子蟹，那位就是我的徒弟了。

●●●● 蟹腿蟹钳炒蛋

俗话说得好，"吃蟹不吃脚，就是耍流氓"，有这句俗话吗？当然有，一个姓"俗"的人说的话。玩笑归玩笑，蟹脚还是蟹脚，我们就从蟹脚说起。

上海话中，蟹脚是有引申意义的，比如有一个人，横行霸道，很明显他具有蟹的"气质"，那么"蟹脚"是指这个人的脚吗？不是！蟹脚指的是这个人手下那些狐假虎威的小喽啰们。打个比方，邓厂长专横跋扈，江科长、李科长鞍前马后地出各种鬼点子，上海人就把江李之流称作"蟹脚"，一旦厂长倒台，人们必要"掰断蟹脚"方才后快，所以"吃蟹不吃脚，就是耍流氓"，也是有其道理的。

吃蟹脚是每一个上海人必须学会的基本生活技能，至少是每个上海主妇必须掌握的，因为万一碰到老公儿子"耍流氓"，还可以把吃剩的蟹脚拆开，炒出一盆菜来。

前段时间，网上流行一段视频，视频的背景音乐是古琴，幽雅得紧。一间宽敞大屋里，只有一只矮桌，一个绝色佳人席地而坐，桌上有蟹八件，有黄酒，有盘，有盏。那女人先是温酒，接着拿出一只蟹来，用剪刀剪下了一只蟹脚，再在蟹腿的两头各剪上一刀，用银针捅出蟹腿肉来，放到醋中，然后用筷子揎了送入撅起的嘴中，以免碰坏了唇上的胭脂。

洋盘吃法，这样的吃法，全无乐趣可言。吃蟹本就不是什么高雅之事，非要弄一个"蟹文化"出来，根本就不是真正文化人做的事。螃蟹也就是近二十年来价钿越来越高，以前只不过是逢到季节改换口味的东西。前几天《羊城晚报》登了一张黑白照片，画面上一老一少坐在一张木桌前，木桌边是一只煤炉上有一口大锅，桌上是一堆二三十只四两朝上的大闸蟹，画面中老人是个背影，少年的脸是冲着镜头的，双手正在剥蟹呢。这张照片的题目为《1945年上海贫困家庭靠吃大闸蟹度日》，旧社会真是太惨了，连顿饭都吃不上，只能靠吃蟹度日。

新社会就不一样了，吃了蟹可舍不得扔掉蟹脚了，若是家里有人"耍流氓"，那就只能主妇将之收集起来再炒菜了。但若是照着前面说起的"蟹文化人"的吃法拆出蟹脚，那就麻烦了。因为蟹腿里面有两根骨质的薄片，有点像人的尺骨和桡骨，蟹就是通过这两片东西来控制脚的动作的。你想，每吃一条蟹腿都要吐出两片东西来，有多麻烦？自剥自吃还好，若真是炒成了菜，你想呀，一调羹四五条腿，得吐多少片出来？真正比吃鱼还麻烦。你要炒菜还算好的来，碰上夸张的做成小笼包，吃小笼包要吐骨头，从来都没有听说过吧？

所以拆蟹脚不是这么玩的，我就经常拆蟹脚。家中人喜欢吃大闸蟹，却也喜欢"耍流氓"，所以每回吃完蟹，我就把蟹脚、蟹钳收集起来，待到第二天一并拆开了炒菜吃。其实说耍流氓是开玩笑啦，事实上是家中老人比较多，蟹脚咬不动却又懒得用工具，再说每回家宴菜又多，吃到很晚，再吃蟹脚就更晚了，于是我建议大家只吃蟹身不吃脚，久而久之，就成了习惯。

做菜呢，也是习惯，惯能生巧，拆蟹脚也是如此。我说的拆蟹脚分为两部分，分为蟹脚和蟹钳，拆惯了并不难。拆蟹脚蟹钳之前，最好用水将之煮煮透，一来煮透了肉紧，容易拆出来；二来冷的不容易拆出，温的就滑润许多。

蟹脚分为四段，最上面长长的一段是蟹腿，叫好听点则是"蟹柳"，只有这段中才拆得出肉来。先用剪刀在上端齐根剪断，再把剪刀当作钳子来用，夹住关节那里，折断蟹腿的壳却不剪下，顺势往外一拉，就可以带出两片薄的筋来，然后用筷子从细的一头塞入，就可以捅出蟹腿来。

有的蟹腿比较小，细的一端已经是扁平的了，我的祖母"发明"过一种办法，将蟹腿转九十度放在平板上，用擀面杖轻轻地擀一下，就可以将筷子塞进去了；但是此法也要熟能生巧，否则的话，极易将蟹腿压烂。

再说蟹钳，蟹钳分为三段，每一段都可以拆出肉来，拆得好的话，每一段的肉都是完整的。拆蟹钳之前，先用小榔头将三段全都敲碎，一点点地剥下壳来，就是完整的。当然自己家吃的话，不用这么讲究，方便快捷的方法是用剪刀将蟹钳剪成三段，一段段来拆。先说有夹子的那段，拗下可以动的那半爿夹，夹子的后端也带着一片薄骨，要去掉。

然后再用筷子捅，虽然不易捅出完整的钳肉来，但家里拆嘛也就算了，又不是"高汤蟹钳"这种菜，要浪费许多只蟹钳才能拆出一只完整的来。剩下的两段，也可以直接拿筷子捅，最后那段三棱柱形的里面也有一片骨质的筋，要去掉。

我是个很精打细算的人，每回吃蟹不但把蟹脚蟹钳留下来，甚至连蘸蟹的醋都没有扔掉。上海人蘸蟹肯定不用镇江陈醋，而一定是质清味甜的米醋。剁好了姜末用糖腌起，待吃蟹之前再放入米醋。每回吃完蟹，总能剩余小半碗的姜糖米醋，第二天正好用来炒蟹腿蟹钳。

起油锅，将鸡蛋直接打到油里，鸡蛋不用事先打散，只要放入油里后再用镬铲划散即可。先划蛋白，弄成一丝丝的；待蛋黄稍稍凝固再划成块状，以冒充蟹肉和蟹黄。一个菜，要用两到三个鸡蛋，一起打到油里，一起划，很方便的。然后将拆好的蟹腿蟹钳一并倒入锅中，再倒入姜糖米醋，放一点点生抽，炒匀即可起锅。

这道菜，其实是从"赛蟹粉"上化出来的，加入了蟹腿蟹钳之后，味道更好。由于没有蟹黄蟹膏，反正不适宜清炒，加点鸡蛋，正好软化点缀一下，较之清炒再上一层楼。若是隔天蟹多，蟹脚剩得也多，可以清炒蟹柳，勾玻璃薄欠，用青菜打底，这是另一道菜了，以后再说。

●●●● 墨鱼蛋炖蛋

　　家中附近新开一家杏花楼，欣然而往，不但装修豪华，而且菜色亦佳，着实不错。特别是吃到了久违了的脆肠，啫啫生肠煲，脆而有嚼劲，且嫩而不烂。此物只有闽粤厨师可为，别地均不谙也。

　　脆肠，亦名生肠，我以前一直以为是猪的小肠，后来才知道不是。故事要从台湾宜兰县的一位生物老师开始，这位老师和我有同样的疑惑，于是她去买了整个一套猪肠来，大肠、小肠、盲肠，这位老师花了好久才收拾干净，但是依然没有找到脆肠。

　　这位可爱的老师曾经听说过脆肠是母猪的输卵管，于是她决定去验证一下，就问卖猪的："脆肠是不是输卵管呀？"可是卖猪肉的哪搞得清输卵管是什么东西，于是她也没有问出所以然来。后来她有一位颇具"侠义"精神的学生听她说起这件事，便自告奋勇地去问几个杀猪的兄弟，一问就问出来果然脆肠是猪的输卵管。

　　老师奇怪死了，难道卖猪的不知道，杀猪的倒知道这么专业的名词？后来她问学生是怎么问的，学生说这还不简单啊，就问："脆肠是不是母猪才有，公猪没有？"杀猪的说是，于是问题解决了。

有时候，换个方法来思考问题，就会发现其实很简单。

脆肠上海人从来就不吃，所以搞不清楚也很正常，但还有一样东西，是极其普通的上海家常菜，却也经常搞错，那就是墨鱼蛋。

在上海话中，除了鸡蛋鸭蛋鹅蛋鹌鹑蛋外，"蛋"还有一种用法，专门用来指代"睾丸"，羊蛋就是羊睾丸，是一道还算常见的菜。那么照这个推理，墨鱼蛋就是墨鱼的睾丸了，传说中墨鱼蛋可以壮阳，也是基于一种"吃啥补啥"的迷信。

墨鱼蛋到底能不能壮阳，无人得知，但要是说到激素的话，墨鱼蛋一点雄性激素都没有，恰恰相反，墨鱼蛋有着大量的雌激素，因为这玩意，根本就和雄墨鱼没关系。墨鱼蛋实际上是雌墨鱼的缠卵腺，其作用是在产卵的同时分泌腺液将卵粒缠绕起来粘结成串，以使卵串附在海底的海藻或其他物体上。

宁波盛产海货，墨鱼的捕量甚高，宁波人擅弄墨鱼蛋，后来大量的宁波人移民上海，就将此物亦带到了上海。传统的墨鱼蛋是腌过的，过去，没有冰箱，更没有冷冻速递，宁波的特产无法新鲜的运到上海，咸鲞鱼、咸墨鱼蛋就成了宁波人思乡的恩物。

时隔久远，墨鱼蛋已经不是宁波人的专利了，上海的各地移民也从宁波人那里学到了吃法，已经成了一道普通的上海菜了。

腌过的墨鱼蛋，南货店里都有售卖，有放在冰箱里卖的，也有不放冰箱的，后者要较前者更咸，但味道也就更鲜。南货店中的咸墨鱼蛋，一般品质较好，但是仔细挑选总是不错的。

墨鱼蛋要挑白的，越白越好，拿在手里掂一掂，分量越重的越好。墨鱼蛋是包在塑料膜里的，反正闻上去都是一个味，腥腥的，如果闻着臭臭的，那就换家店买，因为你也不知道到底哪一包臭了，是自己臭还是沾过来的味道，那就干脆别在这家买了。

买来的咸墨鱼蛋，当然要洗，把外面裹面的塑料膜扯开，里面有一团黏黏糊糊的东西，其实就是墨鱼分泌的腺液了。这些腺液是透明的膏状物，于是上海人也称之为"膏"或者"黄"（读如"荒"，一如"蟹黄"的"黄"）。

膏里就是一对墨鱼蛋，每只墨鱼有两个缠卵腺，一包就是两个，大的可如鸡蛋般大，小的则与鸽蛋相仿，只是那么小的东西，没人用来腌制。两个蛋当中，是墨囊，一坨像柏油一样的黑色东西，质感奇怪。

膏是可以吃的，摸上去软软的，很多人将之弃去，实在是太暴殄天物了。先将膏从墨鱼蛋上扯下来，用清水冲洗，不用怕，膏是不溶于水的，并不会被水冲散，膏上往往粘有杂物和墨汁，用小刀仔细地挑去，要保证是干干净净晶莹剔透的一块，将之放在碗里。

然后将墨囊扯下来，有些重口味的朋友喜欢吃墨鱼的墨，据说大补，我等消受不起，只好放弃。墨囊弃去之后，就是两个蛋了，将外面的包衣仔细地撕去，用水冲洗干净。

所以，一大包的东西，真正能吃的就是透明的膏和雪白的墨鱼蛋了。这玩意用重盐腌过，其味奇咸，要经过"退盐"之后，方能入口，否则咸苦不能食也。将膏切成小块，墨鱼蛋切片，将之放在碗里，用较烫的热开水浸泡，待水冷后换水，凡三四次。

此时的墨鱼蛋还是蛮咸的，可以打三四个鸡蛋，不用放盐，只需料酒，将蛋打散与膏和墨鱼蛋拌匀，然后放在平底的盆子里。为了去腥，可以切少许姜末，一起拌匀。

还要放一点点油，一调羹左右的食用调和油即可，否则的话，成品有些"木夫夫"的感觉。放入油后不用打散，让它浮在液面即可。锅中放水，水中放一点点黄酒并姜片，然后将盆子架起来蒸。此物不宜太嫩，嫩则觉得腥，不妨多蒸片刻，半小时左右，但要当心水被蒸干。

如果锅子盖是透明的，那么在蒸的时候，可以看到盆里的蛋液渐渐地涨发起来，变成高高的一团，就像开花一般，及至掀开盖子，它就迅速地瘪下去，又变成平的一盆了。

蒸好之后，用快刀划开，就很容易一块块地搛食了。虽然打了三四个蛋下去，却依然还是有点咸的，咸则鲜，咸则下饭，此物不宜就酒，最适就饭，乃下饭榔头是也。

有时菜场也可看到新鲜墨鱼蛋售卖，是大多数海鲜摊卖墨鱼帮客拆洗时"藏"下来的。一般海鲜摊的墨鱼大不到哪儿去，墨鱼蛋就更小了，也就鸽蛋的大小吧，这种新鲜的也很好吃，而且没有腌货那么腥。买来之后，同样洗净去墨囊，然后也要用盐腌一下，要多少盐？很多的盐，起码也要两调羹吧，拌匀后腌起，大约三四小时，然后再洗干净即可蒸蛋。只要墨鱼蛋小，不必切片，另外如果放入咸蛋同蒸，效果也相当好。咸蛋黄要切碎，与膏和墨鱼蛋拌匀，再打鸡蛋，一如前述，与咸货有异曲同工之妙。

别小看此物，它甚至是下八珍的一种，大家如果买得到原料，一定要亲手试试，亲口尝尝。

●●●● 虾仁滑蛋

　　喜欢美食的人，其实挺危险的。你固然可以说我加强运动，不怕脂肪和胆固醇，但是在中国的吃货，要比别人多面临一层的危险，非法的添加剂乃至合法却又过量的添加剂，甚至还有不该合法却合法着的添加剂，都会令国内的美食家们面临很大的危险。瘦肉精也好，三聚氰胺也好，都曾经是合法的东西，出了问题，才被曝光出来。所有的添加剂，在业内从来不是秘密，哪怕有人揭露，有人举报，大都无济于事，不了了之。

　　食物这玩意，真的是很危险的，但是再危险，也不能危言耸听，妖言惑众。比如说，有一个著名的说法就是吃虾的时候不能和果汁一起，因为虾里的化学成分遇到酸就会变成砒霜，会吃死人。我们知道，砒霜就是三氧化二砷，且不说虾里何来的砷，就算是砷，碰到酸也变不成砒霜；要说果汁根本就是无稽之谈，果汁的酸度还及不上胃酸呢，那样的话岂不是胃就变成毒物工厂了？

　　还有些事情，是业内人士都避讳的，知道了也不说出来，大家都讳莫如深。打个比方，西点里的慕斯，是一种类似果冻的甜甜的半固体状东西，可以直接做成甜品，也可以做成慕斯蛋糕等，这玩意的主要成分是生的蛋清。还有一些轻质的蛋糕，主要成分也是蛋清、蛋黄之类，经过低温的烘烤，变成各式可口的西点。

有问题吗？看上去没有！但是如果放到禽流感流行的时候，问题就大了。大家还记得那个恐怖的时候吧？电视、报纸滚动播出，告诫市民不要接触活鸡活鸭，还记得吗？有一条就是鸡蛋一定要经过高温烧熟烧透，以至于麦当劳的猪柳蛋也比平常老硬了许多。但是朋友们有任何的印象在电视上看到提醒说不要吃慕斯吗？有任何的西点同业会出来说不能吃轻烤的蛋糕吗？生的或者只经过低漫烧烤的蛋清、蛋黄，是依然可以携带禽流感病毒的。

上海人的胆子很大，说禽流感时吃了慕斯是无心之外，那时上海依然设立几个活鸡活鸭的专卖点，很多上海人认为鸡鸭就一定要是亲眼看着活杀热气的才能吃，我也基本认同。香港人也是这么想的，鸡鸭一定要活的，但是禽流感期间香港全境禁活鸡活鸭，于是他们只能跑到深圳去买，再偷偷地冒着被充公的危险带回港内。

香港的人胆子，着实是很大的，禽流感的时候，他们不但去深圳买活鸡活鸭，他们甚至还吃虾仁滑蛋呢！

虾仁滑蛋是香港极其普遍的东西，香港是整个中国西风最东渐的地方，于是有大量的对于西餐的要求。后来香港人就发明了茶餐厅，专门供应简单的西式三明治、烘面包之类的东西，以及中式的面条、云吞等可以快速烹调的食物，虾仁滑蛋就是其中一样，简直没有一家香港的茶餐厅是不供应虾仁滑蛋的。

虾仁滑蛋极好吃，然而其实蛋是半生的，**按照禽流感防治指南，属于高危行为。**饶是如此，香港人照吃不误，可想而知，虾仁滑蛋有多好吃了，我这就告诉大家怎么做这道菜。

前段时间，我曾经说起过打算开始抵制苏州的清炒河虾仁了，不是河虾仁不好吃，只是好多店卖着野生河虾仁的价钱，卖的虾仁却是越来越大，一直大到了海虾仁的尺寸。虾仁滑蛋用的就是海虾仁，香港沿海无河，当然是以海虾仁为主的。

做虾仁滑蛋，最好的是尺寸较小的越南黑虎虾，在上海除了去专业的海鲜市场，根本买不到，所以剩下这么几种选择：基围虾、草虾和沼虾，这三种都是海虾，但都不是海里捞上来的，主要都是围海养殖，在上海并不稀奇。

基围虾虾肉较松，不够弹牙；沼虾虾仁较小，于尺寸和形状都不够漂亮，也不适用。所以剩下的就是草虾了，草虾的样子与基围虾很近，但是壳较基围虾要硬得多，价格也要翻倍，而且草虾的虾肉紧实，脆而有弹性，广东话"弹牙"指的就是这种。一盆虾仁滑蛋，大约要用十至十五只虾，总也要三四两的样子。

买来剥虾，越活的虾越是难剥，与壳有粘连，可以烧一锅开水，把活草虾放入氽烫一下，剥起来就要方便得多。草虾的沙肠很干净，不用挑去，所以氽熟了剥完全没有问题。活虾现氽现剥现炒，不会影响什么口感。

虾头不要，只要虾身，剥壳去尾，十几只虾只要几分钟。然后要打鸡蛋，磕开鸡蛋打散，放料酒、放盐，不必多说。有许多关于滑蛋的传说，有说要放水的，有说要放高汤的，目的就是为了稀释蛋液，希望可以炒得更滑更嫩，其实都不对。蛋中加了水，慢炖还行，若是热火快炒，炒好还可以，等到上桌之时，水就从里面渗出来，大煞风景。

不能用水的，只能靠功夫硬炒。还记得前面我说过的吗？虾仁滑蛋很危险，因为是半生的，这个就是诀窍了。先起一个油锅，火要大，油温要高，然后将虾仁放入，如果是生虾仁，事先用盐腌一下。保持大火不要变，翻炒虾仁，待油温再次上来还不至于冒烟的时候，将蛋液倒入，同时改用偏小的中火。

等着，别急着炒，否则就是虾仁炒蛋了。拿着锅子晃，由于油多，应该可以晃起来不会粘底，待到下面的蛋明显凝固起来，用镂铲铲开最下面的蛋，翻炒。蛋是渐渐凝固的，不需翻炒多久，就没有可以滴下的蛋液了，此时就可以关火了。再翻炒几下，如果有太大的蛋块，就将之弄碎，舀起来就可以上桌了。

滑蛋的关键是滑，滑的关键就是半凝固，要看上去湿湿的却没有蛋液滴下来，才是最好的状态，所以宁可用低温火慢慢炒，也不要大火猛攻，鸡蛋很容易凝固，一老即不可食。

这道菜只要掌握火候，是很容易的，连剥虾打蛋不过十几分钟，很适合应急的吃法，本来茶餐厅就是应急的去处。

●●●● 咸菜烧鱿鱼

经常有朋友问我如何区分墨鱼、鱿鱼和章鱼。这是个似难实易的问题，首先它们都是海里的，其次它们都有八只脚，再次它们都是软软的，第四它们的肉都是白的，而且它们都有眼睛，还有……写到这里的时候，我的后脑勺好像被人打了一下，"看清题目，是问你有啥不同，不是有啥相同！"

好吧好吧，我来想一想，what a good question！这句话是我在接受培训员培训（听着怎么这么拗口啊？）时学来的，就是当别人问你问题，你却回答不出来的时候，就故作深沉地说："这个问题很好！"或者"这真是一个好问题"，这样可以尽量拖延时间，如果还是没想出来怎么答，你可以反问提问者："那么请你先告诉我，你是怎么想到这个问题的？"

看到吧，买梅玺阁主的书，不但可以学到烧菜，还可以学到最最"先进有效"的培训师技巧，很值得的。

好吧，我们来讨论这三种"鱼"，当然，它们根本都不是鱼……

对了，它们最大的区别，在于写法不一样，一眼就可以看出区别来。看到吧？这就是回答问题的技巧。不但写法不一样，译成英语，拼法也不一样，墨鱼是 cuttle，鱿鱼是 squid，而章鱼则是 octopus。

我觉得我再这么写下去，快要挨打了。

不卖关子了，听阁主告诉你怎么最快速地分辨这三种。首先，是章鱼，章鱼的八只脚是连在身体上的，与其他两种不一样。墨囊啥的都是瞎扯，买菜的时候谁让你这么区别啊，只要一眼望去，八只爪全和身体在一起的，那就是章鱼，所以章鱼也叫八爪鱼。

现在只剩下两种了，那就更容易了，一句话搞定：鱿鱼的身体上有两片三角形的东西而墨鱼没有。简单吧？你甚至连三角形都不用找，鱿鱼是尖长的，墨鱼是圆胖的。

我们这回用鱿鱼做道菜，就来详细地说说鱿鱼。上海人本来就是吃鱿鱼的，但上海人以前吃的鱿鱼，是水发的，淡黄色的、很大很大一个。那个时候，根本不用分辨什么是鱿鱼，菜场水发摊上只有水发鱿鱼，没有水发的墨鱼和章鱼。

现在，菜场里经常可以买到这三种鱼，章鱼肉厚且脆，墨鱼适中，而鱿鱼最薄，各有各的口感，各有各的吃法。

上海卖的鱿鱼，个头都不大，然而鱿鱼真要大起来，那可是非常不得了的尺寸，据说可以有将近 20 米长，也就是说小一点的船可以被鱿鱼吃下去（到底吃得下吃不下，其实我也不知道）。

上海菜场的新鲜鱿鱼，大多比手掌稍长，色呈淡褐粉色。买鱿鱼的时候要用鼻子，腥臭的当然不能买，虽然这是常识，多说一句总是好的。另外，要用手捏一下，捏上去软烂的，当然是不新鲜了，捏着有弹性的就好。由于市售的鱿鱼小，一碗大概要三到四只吧。

将鱿鱼拿起来，倒空里面的水，然后称分量，付钱，自不必多说。待鱿鱼拿回家，洗弄的时候，先将头扯下，头就是带着爪的那部分。头上有眼睛，用剪刀剪一下，将眼睛挖出弃之，这时你可以好好观察一下鱿鱼，原来鱿鱼不是八只脚，而是十只脚，其中八只是正常的短脚，两只是很长很长的，大多数人以为那是触须，其实也是脚，不过说触须也没错，鱿鱼的脚有一个专门的名称，叫做"触腕"。

鱿鱼是有嘴的，不但有嘴，还有牙齿，它的嘴在脚的当中，有一个很小的洞，用力一挤，就可以把牙齿挤出来，牙齿是几片透明的东西，像塑料片似的。

然后将鱿鱼的身体剪开，从没有三角形的那边对半剖开就可以，再将肚子里所有的东西挖去。鱿鱼虽是软体动物，却也是有骨头的，与墨鱼的白色的硬骨不同，鱿鱼的骨头也是透明的，软软的一片三角形的。鱿鱼其实也是有墨囊的，只是这个墨囊相当小，储的墨也相当少，所以往往会被忽略，感兴趣的可以特地找出来看一下。

然后要剥皮，鱿鱼的外皮是不能吃的，那玩意经烧煮后会变得像橡皮筋一样，根本就咬不动。相对来说，鱿鱼的皮是很容易剥的，从剖开的切口看，就可以看到皮和肉的分层，用手指甲捏起表皮，就是褐粉色的那层，稍作努力就可剥除。鱿鱼身上的那两块三角形，用力就可扯下，上面也有表皮，也要剥下。除了身体之外，头上也有皮，但相对身体来说更难剥一点，尽量去除就是了。

切鱿鱼是很辛苦的活，因为鱿鱼的韧性和滑，也就是说放在砧板上表面很滑，而其身又很韧，所以要千万小心，特别是刀口锋利还要用力时，一不小心滑一下，很容易割到手。切鱿鱼，要用手指甲掐住，那样才可以保证鱿鱼不从手里滑走。平时切东西，切面是与砧板垂直的，切鱿鱼的时候，要将刀背稍稍朝里倾斜，就算滑出去，也割不到手。剖开的鱿鱼，平铺在砧板上，要沿着"轴向"来切，就是沿着剖开的方向切，否则鱿鱼丝容易卷起来，影响口感。将整个鱿鱼切成丝，再把十只脚都切开分成一条条的，最长的那两只，也要分段切开。

清炒鱿鱼，并不好吃，要用点东西来配配，芹菜也可以，咸菜也可以，这回就用咸菜吧。咸菜是用雪里蕻腌出来的，有当年的新咸菜和隔年的老咸菜之分，比如咸菜肉丝面，就要用老咸菜，再如咸菜烧黄鱼，也要用老咸菜；而烧鱿鱼，我个人觉得新咸菜比较讨巧。

买一棵新咸菜，大的半棵也可以了，咸菜同样不能臭臭的，要闻着就有鲜香之味，方为上品。咸菜的挑法已经写过多次，在此就不多说了。咸菜买来，搅干，听上去挺奇怪的，但的确是"搅"干。

咸菜的根很大很老，切下弃之，上面的叶子也只要留一点点就可以了，这样就剩下当中的一段，切成咸菜粒即可。一条长的咸菜，不用从头切到底，那样很累，可以先切成两段、三段，码放整齐后一起切，就会方便许多。

总共只要两种物料，准备好了就可以起油锅了。锅烧热，放入少许油，先把咸菜放入爆香煸透，一点不要着急，煸透咸菜大约要三四分钟的时间。然后将咸菜盛起，再起一个油锅，倒入鱿鱼丝翻炒，同时洒上料酒，到半透明的鱿鱼丝变白就倒入咸菜。尝一下味道，如果咸菜够咸，就不用加盐了，然后加盖焖烧个三四分钟，即可起锅装盆。

偷懒的朋友，甚至可以不另起一个油锅，在煸炒咸菜之后直接放入鱿鱼丝和料酒一起焖烧。在章鱼、墨鱼和鱿鱼三种里，鱿鱼是最不怕煮的，当然这所谓的"不怕"，也就指能够经受三五分钟的烧煮而不会紧缩成橡皮筋而已。

新鲜鱿鱼的口感挺特殊的，咬上去有糯和滑的感觉，但又不觉得软，反正是挺好吃的，文字表达不清，非要自己试一试才行。

章鱼可以白灼，墨鱼可以大燴，要是三种东西烧好了放在一起，再加一道蒜蓉蒸小鲍鱼，就可以搞一个"四鱼非鱼"宴了。

●●● 老娘秘制大排骨

在过去的一年里，猪肉的涨价无疑是涨价旋律中浓墨重彩的一笔，照官方的数据，上半年涨幅最厉害的时候，猪肉涨幅达到了46％，而在大多数主妇的眼里，给人的打击力甚至更厉害。

话说物价飞涨之后，食物的做法也有了新的意境。大多数售卖炸猪排的店家，炸好的猪排不再是一整块上来的了，而是剪成一条条，一条叠一条堆起来上桌的。

视觉上固然比以前好看，但是在口感上就没有"大口咬肉"的豪气了。还有一点是因为现在的炸猪排要比以前薄上许多，厚的猪排因为事实的厚薄不均造成受热不匀，所以会在油炸后弯曲变形，如今店里的炸猪排已经薄到了只要入油就不会受热不匀，所以也就不会弯曲，直接平平地一片端上来当然不好看，因此就剪成一条条的，乃是障眼法也。

这也不能说人家开店的是奸商，他们也难啊，不涨价吧，成本打不下来；涨价吧，客户受不了，于是只能在形制上想办法了。我前几天买了三块排骨做炸猪骨，花了 18 元不到一点点，就算每块 6 元好了，外加鸡蛋、油、面包粉，怎么也得 1 元的成本吧？那样一块炸猪排的成本就是 7 元了。

我家楼下有家著名的"沪上一家辣肉面馆"，他们的炸猪排是 10 元一块，还要付店面钱、卫生费、城建费、人工钱以及税收，我估计，也就刚好打平或者赢点微利罢了。

不过话说回来，上海的大排也就那么回事，红烧、葱油、炸，好像没啥别的吃法了，再好的东西，吃来吃去，也就那么回事。

孰料，一向不会做菜的老妈，居然发明了一道新的大排！

常看我书的朋友都知道，我的祖母极谙美食，我大多数的菜，也是从她那里"偷"来的，而我的母亲呢，在我祖母往生前，几乎就没有下过厨房，所以说她是个"厨盲"，也基本不为过。

而她，居然发明了一道菜，而且是继红烧、葱油和炸之外的大排菜，实在是太厉害了！

那次，我去"娘家"吃饭，一般来说，是老妈买了菜，我过去烧。平时呢，她也会烧烧，但基本上只限于把菜弄熟的境界，所以基本上只要我去，就是我下厨。那天，我烧一个大家吃一个，席间老妈进了厨房，关起门来不让我进去。

再过一会儿，老妈端了一个盆子出来，盆子带着热气和香气，里面只有一块排骨，也被剪成了一条条的，只是近骨的地方还连着。那块排骨的颜色和红烧排骨差不多，只是表面间或有一点点的地方颜色要淡一些。

老妈，你也太搞笑了，你也学店里把排骨剪成条上桌啊？但人家的那个是炸猪排，你这个是红烧大排，不能剪的啊！

一尝之下，不禁令我拍案叫绝。首先，绝对不是红烧大排，这排骨的表面是脆的，比炸猪排要来得脆，也不像炸猪排要蘸辣酱油吃，这个排骨竟然是入味的，带着浓厚的酱香与甜味，让人吃了一块，还想吃第二块。

这算是不会做菜的老妈？我算是明白了，我的厨艺原来是有遗传的。后来，老妈被我连哄带骗，终于把这种排骨的做法传授给了我，我是个"败家子"，藏不得宝，就拿出来告诉大家吧。

怎么买排骨，我就不说了，以前提到过好几回了，要提醒一声的是，这种大排如果有一条肥边在外，会更好吃一点，不怕肥的朋友，可以找那种外面包着一层油肉的大排来买，让摊主剁成片，厚薄适中，不用片面追求薄。

记得吗？我说过大排要敲，将其中的纤维敲断，可以使之更嫩。大家要记住一点，敲排骨指的是热气的排骨，如果从冰箱冻库里拿出来，要等大排完全化冻，回到室温后再敲，否则口感会发生变化的。

有的朋友照我的办法做葱爆大排，做完之后告诉我排骨不嫩，而且屑屑索索，我就问他排骨是不是冷冻的，还没有完全化冻就敲就入锅了，他说是的，问题就在这里了。

有人觉得化冻到一半时候，刀敲得动了，就敲一下，敲完之后，排骨也软了，正好下锅，大错特错。我们知道，毛巾冬天晾在屋外结了冰是不能碰的，一碰就断，猪肉纤维也是如此，化冻不够，冰碴子会造成我们未期许的后果，吃上去屑屑索索就是这个原因。

另外，如果化冻不透直接入锅，血水不能排出，弄出来的排骨就会老，甚至还会腥，喜欢下厨的朋友不可不知；其他如肉片肉丝之类，下锅之前，都要待其化冻到常温才可以，要是大冬天的天气太冷，我还建议用20℃左右的温水稍微浸泡一下。

说回大排来，这种大排，同样要用刀背拍一拍，让肉质疏松，吃起来会更嫩。敲好之后，找一个容器，放入大排，再放料酒和生抽、几滴老抽和一大勺淀粉，拌匀后腌着；对了，不要忘记，还要放糖，一起拌匀。

大多数的菜，糖都是后放的，放了糖后油炸的话容易发黑，炖煮的话容易粘锅，因此先放糖基本上是烹调大忌；老妈正因为不会做菜，才会误打误着有此神来之笔。

腌半小时左右，生抽和糖的比例，基本上就和平时做红烧肉差不多，放老抽纯粹是为了调整颜色，不宜过多。腌制的时候，要时不时地去翻动一下，让大排吸收更多的水分。

把多余的腌汁倒去，把大排分开吹晾一下，几分钟的时间即可，然后起一个油锅，油多一点也没关系，用中火加热。

准备一个盆子，倒入淀粉，铺平，放入一块大排，再在表面倒上淀粉，然后用手压实大排表面的淀粉，两面都要沾裹完全，不要有漏掉的地方。表面的粉，要压实，然后将大排拎起来，抖一抖，多余的粉会掉下来。

将大排放到油锅里炸，炸半分钟左右，用筷子翻个后，表面还会掉下一些粉来，放到锅底，再炸半分钟左右，撩起放在一边，再炸第二块。

这种排骨，可以一次多做几块，炸完之后，放在冰箱里面，等到要吃的时候，拿出来完成第二个步骤。

是的，还有第二个步骤，还是炸！那为什么不一次炸好？因为一次炸好的话，炸到后面几块，油会很黑；因为一次炸好的话，前面的排骨冷了，后面的还没好；因为一次炸好的话，是热量直接炸熟的，排骨不容易嫩，要慢火才会嫩；因为我妈就是这么告诉我的，行不行？这算理由充分了吧？

炸完第一轮，将油滗出来，锅里已经全是黑渣了，要弃去，要洗锅，然后再放入油，加热。记得哦，千万要记得哦，再放入油之前，一定要把锅烧干，然后再放油，否则的话，莫怪我言之不预哦！

再炸一次，表面的淀粉会硬结起来，炸猪排是炸到金黄，这样的大排表面不是水面粉，不是面包粉，而是干的淀粉，那是炸到什么样的状态呢？炸到稍稍有些发白，表示外面的粉已经炸硬，此时里面的肉也应该熟了。

直接就可以吃了，保证吃得你满嘴流油，至于是不是剪成条，完全凭个人的爱好。我的老妈之所以剪成条，据说是因为怕我吃得太快，所以剪成条吃起来容易。

你说，这么好的老妈，我怎么能够不用她来命名这道菜呢？于是就叫"老娘秘制大排骨"。另外再提醒一下，如果多做几块放在冰箱，第二次炸的时候，要拍一点新淀粉在上面，更容易炸出外面脆的"壳"来。

●●● 陆稿荐酱肉炖豆腐

　　有些品牌，不管到哪里，都是卖同一样东西的。比如同仁堂，在各地都有分号，它总是卖药材的，在北京的总堂也好，在各地的分号也好，它始终就是家药铺，而且还是家中药铺；又如王星记，开在上海是家扇庄，开到苏州、杭州同样也是做扇子卖扇子的；再如张小泉，不论开在哪里，它总是卖刀剪的，不会有误。

　　然而有个品牌就好玩了，不但它在各地卖的东西不同，就是店名的来由出处都各执己见，此即"陆稿荐"是也。

　　上海以前有陆稿荐，而且不止一家，就像现在卖蟹的，必言阳澄湖，必书阳澄湖，一百多年前的上海，但凡有家肉店，就书"陆稿荐"三字。这种肉店，不卖羊肉、牛肉，只卖猪肉；不卖咸肉、腌肉，只卖鲜肉，所以陆稿荐在上海，就是一家只卖鲜猪肉的肉店。有一段时间，上海的肉店都写"陆稿荐"三字，也都只卖鲜猪肉，以至于上海话中有一句骂人的话就叫"陆稿荐"，陆稿荐里只有生猪肉，那就是骂人为猪的意思。

无锡也有陆稿荐，而且名气很大，叫做"真正老陆稿荐"，他们不卖生猪肉，而专卖熟的，其中最有名的看家菜当然是无锡肉骨头啦。此店创立于清同治十年（1871年），据说是老板因儿子分别叫陆稿和陆荐而得名。

　　对了，嘉兴也有一家，就叫"陆稿荐"。据说上世纪80年代中期有一群嘉兴人聚在一起，缅怀百年老店陆稿荐的历史，尔后听说苏州"抢注"了陆稿荐的商标，这些嘉兴人还义愤填膺一番，最后当然也只能唏嘘不已罢了。嘉兴的陆稿荐现已不存，当年是专门卖酱鸭的。

　　"抢注"品牌的，就是现在苏州临顿路观前街的转弯角上的那家陆稿荐，其处有座桥，叫做醋坊桥，陆稿荐就在桥边。这家店由来已久，据说创建于清康熙二年（1663年）阴历四月十五，为啥可以记得这么清楚？因为这里有个故事。长话短说，四月十四是苏州"轧神仙"的日子，仙人吕洞宾就化身乞丐戏试熟肉店老板。老板发善心容留乞丐，次日乞丐不见，老板取乞丐所遗烂席引火，煮得鲜香无比之肉，于是名声大振。是日，有读书相公勘破机关，方知乞丐乃仙人幻化，遂取肉店老板之姓为"陆"，仙人所遗烂席为名，苏州话草席谓之"稿荐"，故名。这家陆稿荐是专卖熟肉的，而且不仅是猪肉，鸭肉、鸡肉都卖的，该店最最有名的当数酱蹄和酱肉。

　　苏州还不止一家呢！观前街从东头走到西头，就是人民路，斜穿过人民路，是西中市路，再往西走，有一家店叫做"老陆稿荐熟肉店"，这回你一定猜得出来了，这是家卖熟肉的店。那么，恭喜你，答错了，这是家面店，虽然他们也卖些卤菜和熟肉，但人家主营是面条，堂吃的。

以前，苏州是名正言顺的老大，后来，无锡成了老大，于是苏锡之争就没停过。他们不但争太湖是苏州的还是无锡的，他们还争陆稿荐到底苏州正宗还是无锡嫡传。他们不但打嘴仗，甚至两家还在政府的帮助下各自成立"考据小组"来论证，当然这种论证是先立论点再找论据的，实在没有什么可靠性可言。两家争斗日久，以至于招牌都有不同，苏州的写作"陆稿薦"而无锡的写作"陆稿荐"，反正大家就是要表示自己才是真的，因此无锡还加上了"真正老"三个字，以示其尊。

到底谁是真的？我不知道，我只知道醋坊桥的那家陆稿荐，有一种极其美味的东西——酱肉。

上海也有酱肉，也是从苏州传来的。以前上海有杜五房、杜六房等熟食店，就以酱汁肉著名，那是比巴掌大方方正正的一块五花肉，色呈鲜红，若新鲜樱桃般绝嫩诱人，吃口也是软糯鲜香，可惜在上海失传已久，不得再尝美味。这种肉，是用红曲着色的，是为中国的传统色素，绝不添加化学成分。

酱汁肉还是我要说的酱肉。随便问任何一个上海人，酱肉是什么样子的？那些见过红色酱汁肉的，会告诉你酱肉就是酱汁肉；没见过，也会认为是浓油赤酱的大块红烧肉，就像东坡肉那样的东西。然而事实上，酱肉完全不是这个样子的。

任何一个上海人，若是见到陆稿荐的酱肉，一定会以为是一块没有加工好的半成品，大多数人可能以为是一块还没有切开的白切肉，或者是煮好准备切片做回锅肉的肋条，因为酱肉就是本色的肉，完全是肉本来的颜色，一点着色也没有。那只是视觉上的感受，酱肉放在橱窗里，给人的就是这样的感觉。

若是有一块酱肉放在你的面前，你就不会有这样的感觉了，因为酱肉极香，带着咸咸鲜鲜的肉香，闻上去就会引人食欲；假如那块酱肉是加热过的，那么原来冻成白色的肥肉变成了晶莹剔透的质感，香味直冲冲地散发出来，就算平时不喜欢吃肉的朋友，也不禁要试上一试了。

酱肉是做好了的熟菜，事先将猪肉放在缸里腌好，腌料用味极淡，少许的酱和少许的盐，外加桂皮茴香柑皮料酒生姜等物，腌透之后再用老汤烧煮而成，所以极其入味却又不着颜色，让人感觉清清爽爽。这就是苏州菜与上海菜的区别了，酱肉也好，卤鸭也好，上海都是用重料上重色的，而苏州人却大胆地使用本色，这非得对用料和食材有相当的把握和自信方能达成，否则万万不敢也。亦如苏州的肚肺汤，洗净再剥，剥净再洗，然后纯用大汤小火煨起，毫无腥臊；而内地的羊杂牛杂，用辣用蒜，只求盖过膻味，两种烹调方法的高低立现，是为苏州的饮食文化。

酱肉一物，可冷食可热食，最佳的吃法是将之切成麻将大小的肉块，于盛饭前置两块于碗底，再用热饭盖上，及至"掘饭见宝"，肉油渗透到饭里，肉香扑鼻而出，实在是喜肉之人的绝美享受。

不过话还得说回来，国营的店就是那么回事，他们于选料于制作，总会缺上那么一口气，有些酱肉夹精夹肥恰到好处，有些酱肉就肥多瘦少，让人起腻。有人说每只猪长得都不一样，那酱肉怎么可能都相同？我想说要是德国人来做，他们肯定就能保证每一块的肥瘦都相同。

闲话少说，有时买到太肥的怎么办？有些人不喜欢吃肥肉怎么办？不妨来做道酱肉炖豆腐，保证软滑鲜香。

一定会有人要问的，去哪里弄酱肉？我不是已经说了吗？苏州观前醋坊桥堍呀！什么？太远？苏州算远吗？苏州当然挺远，自己开车要油钱要买路钿，坐个高铁更贵，看来只能哪次单位组织去苏州买点回来了。上海的朋友有福了，苏州陆稿荐最近在上海的扬州饭店边上开了一家陆稿荐，货源正宗，不必远赴苏州，坐个地铁就能买到了。

酱肉是一条条卖的，称好之后再付钱切块。顾客是隔着玻璃挑的，买酱肉讲究"眼明手快"，因为卖肉师傅的手很快，而且脾气还不好，你必须事先看清楚要哪快，才能隔着玻璃比划给师父看，在玻璃窗外叫是没用的，里面根本听不到，所以必须要指，指要指得清楚，动作幅度要大，方向要明，那样才能选到自己中意的肉。

酱肉一物，太肥的固然起腻，纯瘦的倒也无趣，所以要夹精夹肥、肥瘦相当的才好，大致比例以二分瘦一分肥的为最适宜，不论冷食热吃都很相合。买来酱肉，压在饭底也好，夹在白馒头里吃也好，总会多出几块，用来炖豆腐乃是绝佳。

豆腐，要买嫩豆腐，大家切记炖豆腐要小火慢煨，嫩豆腐久煮固然煮不烂，老豆腐则会越煮越老，极不适合。以前买豆腐很有讲究，石膏味太重的不能要，有豆渣的不能要，软烂不成形的不能要，太过老硬的不能要，所以别说做豆腐，就是买豆腐也讲究本事，主妇们都是认准了一个摊子去买的，以前甚至还有许多人凌晨到豆制品厂门口去排队，就为了买到好的豆腐。

后来，日本的豆腐厂"旭洋"进了上海，并且催生了本土的豆制品"清美"品牌，这些豆腐都是按照现代化的工艺流程生产，品质很能保证，所以只要简简单单地去超市买一盒回来就可以了，旭洋的内酯豆腐便已经够好了。

以前的豆腐，豆腥太重，要先过一潜水，现在的盒装豆腐并不用。只是盒装豆腐是在盒内凝结的，容易粘在盒壁上破碎，反正自己家里吃，也不要紧；不要撕出盖膜后直接倒出豆腐，而要用剪刀剪去盒子的四条硬边，然后轻轻地将盒子的四面掰一掰，然后倒过来用力一拍，整块豆腐就取出来了。

将豆腐直接拍在砧板上，切起来就容易了，切成比骰子大一点的块。另外将酱肉也改改刀，切得小一点。不必起油锅，先把酱肉放在锅里，开火加热，就像熬猪油一样，慢慢地把酱肉里的油逼出来，然后放入豆腐，盖着酱肉，开小火慢慢地炖着。

另取一个煲，将豆腐和酱肉移到煲内，用最小的火煲着，待到煲沸起来，也就可以吃了。酱肉本来就有咸味，酌量放盐即可。上桌之前，可取小青葱一把，切成葱花，撒在其面，让热气逼出葱香来，和着肉鲜伴着入味的豆腐，保证吃得浑身热汗，大呼过瘾。

做菜，有时真的很容易，随手拈来两样东西，加一加热，就成了一道新菜，你若想想，一定也会有创意的。

● ● ● 田螺塞肉

　　古巴盛产蜗牛，当然古巴的经济速度其实和盛产蜗牛并无关系。

　　很多朋友会想"蜗牛"有什么稀奇的，最多像法国蜗牛一样，长得大些罢了。大不尽然，古巴的蜗牛可真正是"百花齐放，百家争鸣"啊！他们那里的蜗牛，有大有小，有橘黄，有嫩黄的，有红的，有蓝的，各种颜色的都有，远远不是我们常见的那种灰灰的蜗牛而已。

　　古巴政府甚至出过几套与蜗牛相关的邮票，有蜗牛做主角的，也有科学家与蜗牛在一起的，可见蜗牛在古巴已经到了国宝的级别。

　　每次我看到可爱的蜗牛，都会想起螺蛳来。不知道大家有没有看过养在水里的螺蛳，它们也会探出身体来，甚至有时还会爬到水面上，那样子，和蜗牛真是没啥区别。

　　它们一定是近亲，我想的，据说生物学上也的确是如此，至于到底是什么科什么种什么门的，我到底是个做菜的，并不是生物学家，具体的细节还是各位自行研究吧。

对了，蜗牛和螺蛳还是有区别的，螺蛳的口上有片褐色的圆片，很薄很薄的，看上去像塑料片一样。这片东西有专门的名字，写作"厴"，在上海话中读如"翳"，而且好多人还以为就写作"翳"，因为后者也的确有遮盖的意思。小时候，每回嗍（此字在上海话中有专门的意思，"吸"也）螺蛳的时候，家里的大人就会说千万不要把厴吃下去，说那个玩意会粘在喉咙口使人致哑，于是我总会很小心地一张张先把厴揭掉然后再嗍；及至长大了，练就了一身"好武艺"，可以把好几只螺蛳一起放进嘴中，都吸好了连厴带壳一起吐出来，一片都不会少。

话说我们上海人的螺蛳，过了中南地区，就被叫做田螺，如果大家到内地去，看到"干锅田螺"，说的就是普普通通的螺蛳啦，千万不要搞错。

上海人说的田螺，另有其物，是一种和螺蛳长得一模一样，但个头要大上许多的东西，一般的，也有梅子那么大，超大的，与乒乓球相仿。这种田螺，肉多且鲜美，上海传统美食糟田螺就是田螺做的，味美而鲜，是我小时候常吃的东西，可是短短二十多年，此物已然失传，就算有店打着糟田螺的名号，但是味道已经今非昔比，美味不再了。还好有道田螺塞肉，是我知道做法的，不敢独享，拿出来告诉大家。

上海有许多菜是塞肉的，油面筋塞肉、夜开花塞肉、菜椒塞肉，甚至还有人开玩笑说有道美食叫做"绿豆芽塞肉"，最夸张的还不至于此，居然有人真的做出这道菜来，是用针尖划破豆芽，再把肉糜

"敷"上去，名之曰"银芽塞肉"，无非奇技淫巧，不足道哉。

废话不多说了，这道菜，要有田螺要有肉。田螺不像螺蛳，一大把很难免有只把死的臭的混在里面，田螺大，死活很容易看出来；另外，摊主并不是存心把死臭的田螺混在里面，要知道那样的做法，很容易使得一缸田螺都出问题，得不偿失。一般的吃法，要挑个子中等的来买，太大的易老，而且壳重，但是为了塞肉，不妨还是选择稍大一点的，比较容易塞进肉去。田螺买个二三十只就可以了，太多了没有那么大的锅和碗，也不容易入味。

螺蛳买回家要养，使其吐尽泥沙，田螺塞肉却不用，听我道来。田螺塞肉要将里面的螺肉挖出来，洗干净后再与肉剁在一起，所以有泥沙的话，一洗也就无所谓了。首先，要将田螺的尾巴剪开，那样的话，等吃的时候，吸起来就方便了。田螺的壳很薄很脆，用老虎钳一夹就开，哪怕普通的厨房剪，也没有问题。所谓的螺尾，就是尖尖的地方，剪断最后的一小节，出现一个明显的口即可。

剪完螺尾，用一根牙签，撬开田螺的厣，然后拎着厣将其壳内的东西悉数扯出。有兴趣的朋友，可以仔细地观察一下田螺的厣，它并不是圆的，而像一个放大的逗号的形状，读过工程制图的朋友可以想象一下，一刀切入螺旋形的壳内，那个截面的形状，就是厣的样子了。厣其实并不是平的，而是有着一圈圈的凹凸，那样子和年轮差不多，每个圈的形状也和厣的外形是一模一样的，很是好玩。

将壳里的东西扯出之后，撕出厣，弃之；剩下的就是螺肉和腔肠了，只有最前端的硬硬的白白的才是可食的，后面的也都扯下弃之。

将取出的螺肉，冲洗干净，备用。

即便扯去了内容物，每个螺壳也都要仔细地冲洗过，从尾部注水进去，把残留的杂质冲尽。可能你不需要那么多的螺壳，那完全取决于有多大的碗来盛这道菜，多出来的螺壳当然就不必洗了。

还要准备肉糜，肉糜的量大概与螺肉的量差不多，太少的话，没有螺肉的口感，完全是店家的做法，自己家里做，要待自己好一点。将肉糜与螺肉一起剁碎，但是记往不要太碎，太碎的话吃不出螺肉的弹性来。螺肉还有是点腥味的，所以要放一点点料酒，考究的话，最好再放一点点姜汁以去腥。姜汁很容易做，一般来说是将姜剁碎并挤出汁，事实上这个步骤有点难，并不是普通家庭主妇能够完成的，不如把姜剁成末，放一两调羹水浸着，过半小时左右就可以用了。

剁好肉糜之后，肉里要放糖要放盐并且放生抽，这是比较难的部分，还是需要一些烹调的经验的。我只能说出一个大致的比例，大半斤肉，要一调羹的生抽、一小勺的盐，以及一调羹的糖。调味可以淡一点，因为煮的时候，还要再放的。饭店的做法，肉糜里用生粉拌起来，起到黏合的作用。家里制作，不妨更道地一点，将两双筷子捏在一起搅打肉糜，待肉糜不再松松散散的，手上觉得有阻力了，就搅打好了，术语谓之"上劲"。

将所有的东西调匀，然后一点点地塞回到田螺壳中去。这是个很需要耐心的活，用一双筷子搛一点塞一点，二十只左右的田螺起码要塞半个小时；剪去尾巴的另一个好处是肉塞进去不会弹出来，空气会从尾上的口里出去。

将所有的田螺塞好之后，找一个大锅，把田螺放进去，放水，水不用全淹，三分之二左右的样子，点上火烧煮。待水沸之后，改用小火焖着，不要始终用大火，肉糜可能会散开来，星星点点浮在汤水里，就不漂亮了。

有些人做的时候，会起一个小油锅，将每个田螺有肉的那面放在油里煎一煎，把外层煎老后再煮，我觉得这个办法不错，如果大家没有把握的话，可以保保险。煮的时候，汤里放生抽老抽各一调羹，用慢火煨着。

每过十分钟左右，将田螺翻一翻，把下面的翻上来，让上面的可以浸到汤中，再继续炖着。可以用不锈钢调羹敲一敲田螺壳，朝最圆的地方敲，那里最薄，一敲一个洞。不要以为会没有卖相，有几个洞可以更加入味，我做的时候，肉糜是不调味的，完全靠敲破的洞让汤水烧进去，但是此举费时费力，功夫不到，吃力不讨好，大家不必为之。

烧了大约半个小时，就可以开到大火放入糖收干了。肉糜的选用要有一点肥肉，不但可以使塞在里面的肉更蓬松，也能够使得成品油光发亮，一举两得。

田螺塞肉就是这么烧的，吃的时候，用力一吸就出来了。还有一种更绝的做法，在塞肉的时候塞入一根稻草，吃的时候只要一拉，里面的肉就拉出来，不可谓不是神来之笔，只是稻草难寻，而且每根稻草都要修剪过，露出的长短要一式一样，方显精致，切记！

●●● 咖喱椰浆炖锁骨

　　我很反对那些所谓的创意菜，比如有一道叫做酒酿圆子烧带鱼，还有一道叫做大黄鱼棒打小黄鱼，真是哗众取宠，骗人钱财。然而我一直很支持在家里做菜的时候，做点忽发奇想，随手拈来的事情。其实要做到这些，非一朝一夕可为，必要有大量的厨房实战经验，以及足够的凑巧机缘才行。

　　比如这么一道菜：咖喱椰浆炖锁骨，就是要有足够的机缘才行。

　　首先要说明的是，所谓的锁骨，是鸭的锁骨，周黑鸭里有一种辣的锁骨售卖，是同样的东西。话说女儿在体育课上摔断了锁骨，医嘱静躺并且补充营养，本着"吃啥补啥"的宗旨，我去找猪的锁骨，没有找到，于是想到了周黑鸭的锁骨，跑过去一问，只有辣的，小豆子是一点辣也吃不得的人，作罢。

　　于是只能买点猪大骨炖炖汤，与咸骨一起烧，再放点萝卜，味道倒也不错。可是除了猪骨之外，也就炖点鱼汤、鸡汤、鸽子汤之类可以补补了。一时没辙的我，决定做个冬荫功先犒劳犒劳自己，至少我

178

也忙了好几天了。

我去了菜场，到分门卖鸡腿鸡翅鸡肫鸡脚的摊子，每一个菜场都有几个这样的摊子，专门卖一些分拆好的鸡，以及洗净的猪肚猪肠之类。这天，我看到了一样以前没有见过的东西，就是鸭锁骨了。你还别说，鸭锁骨放在周黑鸭的橱窗里，我认得出来，放在菜场，乍一眼还真是没认出来。

那是一排排列得很整齐的鸭锁骨，一件件"冂"形的带肉骨架插在一起，骨架露出来的地方是如塑料般的白色软骨，两边的两条细骨上带着粉红色的瘦肉。问了摊主，原来这排东西就是鸭锁骨，正好买些回去给女儿药补不如食补。你想，要不是女儿骨折，我多半是不会买鸭锁骨的，因为我根本不知道该怎么烧。

不管怎么烧，总得弄熟不是？于是我先将锁骨洗净，看看锅小，一个个直接放进锅的话，这个架着那个，很高的一堆，不行，得加加工先。

我说鸭锁骨像"冂"字形，其实还没有表达清楚，那上面的一横是分为两段的，所以一个鸭锁骨架总共有四条边，边上的两条是硬骨，上面的两条既有软骨，也有硬骨。我用刀将之切成四段，好在所有的鸟骨都是空心的，用刀一剁就碎，很容易切下。

这样放在锅里就容易多了，六七架锁骨也就小小的一堆，将水盖过，放了点料酒，开大火煮一下。五六分钟后，水开了，漂着好多的血沫，于是我干脆将水倒去，又将煮得半熟的骨架洗了一下，再次放水加料酒，用小火炖着。

小火也是能炖熟的，香味渐渐地冒出来，我还没有想好应该怎么添加味道。不见得就这么煮个汤吧，那也太没创意了，虽然我很痛恨创意菜，但也不能白水煮白汤啊！按理说，我可以放点桂皮放点茴香做成红烧的，但是在煮骨架的同时，我还烧了一大锅的茶叶蛋，不同食材同样味道的两道菜同时出现在饭桌上，是不是有点奇怪？

换一个思路吧，想到家中还有一包网购的 S & B 金牌咖喱，放两块调好味的咖喱下去，岂不是随手拈来？于是我找来了咖喱块，一看立马傻眼，坑爹的网购啊，盒子上的辛辣标识是 5，也就是说，是最辣的一种，这叫小豆子怎么吃啊？

还得再想办法，家中还有一罐美国读者 Phlips 托人带来的印度咖喱调料，那么就做印度的咖喱吧。话说日本咖喱先得从印度传到英国，再从英国传到日本，不如返朴归真，直接做印度式的吧。找出那个罐子，一个绿色的铁皮方盒，用刀撬开盖子，里面还有一层塑料膜，剪开之后，里面是黄黄的咖喱粉。

我很熟悉这种咖喱粉，我们自小的咖喱牛肉汤，不就是这么来的吗？虽然其配料与正宗的相比，就像辣酱油之于李派林的喼汁一样，但是味道还是差不多的。这种咖喱粉在使用之前一定要用油炒透，否则会浮在汤面之上。

那就另外起个油锅吧，反正现在的油也没有油腥，于是冷锅冷油，再舀了几大勺咖喱粉下去，点着火后，用个调羹搅拌均匀，然后我就直接把炖着的整锅骨架倒进了炒锅。

再煮着吧，我得做冬荫功了，于是开了一罐椰浆出来。泰国的街边平民冬荫功是不放椰浆的，但是高级的其实是用椰浆的。倒了半罐在冬荫功中后，我就随手将椰浆倒在咖喱里。随手，又是一个机缘凑巧的词，要不是正好要做冬荫功，我就不会开一罐椰浆，怎么可能在咖喱中加进去呢？

后来的事，就很简单了，继续用小火煮着，外加的动作只是加了一勺盐，然后，然后就吃了。

味道相当好，咖喱的香伴着椰浆的香，两种香味互相浸淫、互相渗透，鸭肉将椰汁的味道完全吸收了进去，虽然没有放糖，但是吃口有隐隐约约的丝丝甜味，由于煮得时间够长，软骨已经熟化，软而脆，可以咬嚼着吃下肚去，就连小豆子也吃了好多块。

所以，美食有时不需要执著地创意，只要心到了，味也就到了。

●●● 葱爆羊肚

　　微博上出了一条消息，说是"由市旅游局、市烹饪协会"评定了 30 道最经典的上海菜，有一道"白切羊肉"位列其中，于是引起网友热议。

　　上海的七宝是出羊肉的，七宝羊肉算是上海最有名的羊肉了。上海的羊肉是山羊肉，去毛带皮拆骨后烧成很大的一块，吃的时候呢，就切下一块来，这个就是"白切羊肉"了。

　　七宝的白切羊肉生意很好，以至于上海的各个小镇都开始卖起白切羊肉来，到后来，居然就成了"最经典的上海菜"了。

　　上海的市区，是没有上海的白切羊肉卖的，就算有，也不是上海的店，而是苏州的。苏州的羊肉在上海很有名，苏州太湖周围，物产丰富，枇杷、杨梅、柿子、白丝鱼、鸡头米、银鱼、白米虾，让我细数的话，几十种绝对不成问题，而羊肉，也很有名。

　　苏州有个地方叫藏书，整个镇都是以羊为生的，从育种、饲养、宰杀，到清洗、烹饪、餐饮、包装、运输、出口，已经完全系统化了，几乎家家户户都和"羊事业"有关。当地的有志之士，还特地从澳大利亚引进了绵羊种，与当地的山羊杂交后，成为颇有特色的苏州羊，在口感与味道上，更符合江南人的饮食习惯。

其实苏州不仅仅是藏书的羊肉好，东山、木渎，也是出羊的地方，近年来，许多苏州人把苏州羊带到上海市区，让上海人也有此口福。这些店，一般都没有品牌，招牌大多就是"苏州羊肉馆"，我家附近的黄河路上，就有两家斜对着的店，店名都叫"苏州羊肉馆"。

这些店，都大同小异，羊肉无非就是白切和红烧，外加白切的各式内脏。苏州人很仔细，所以心肝肠肺都弄得相当干净，但是吃来吃去就是羊肉，要么就是羊杂加黄芽菜炖个锅，未免太过单调，不如亲自动手来炒个葱爆羊肚，换换口味。

上海人自己在家调弄猪肚的，十无二三，自己在家调弄羊肚的，我估计千里无一。就算要在家弄，你也得买得到羊肚才是吧？上海的菜场，我迄今没有见过生的羊肚售卖，死了这条心吧。另外，就算你能买到生的羊肚——比如像浙江路的穆斯林餐厅隔壁就有几家专供清真的羊肉店，那里是买得到生羊肚的，然而，买了回来，不知道怎么洗，也不知道哪些该要哪些不该要；而且关键的是，烧多少时间呢？不知道！火候不到像橡皮筋一样咬也咬不动，烧过头了又软绵酥化没有嚼劲，实在很难。

难道放弃？当然不！我一直提倡知难而上，我也更提倡"多快好省"。别忘了我们的周围还有那么多的苏州羊肉馆，他们的羊肚就弄得很好，干净、洁白，软硬适度，我们何不采取"拿来主义"？很简单的，跑到店里，挑色尽量白的，买上半斤左右就可以了。苏州羊肉店的羊肚堂吃的话，有一盆用甜面酱加蒜蓉配制的"秘制"调料，记得要问店主拿上。

买完羊肚，别忘了买上一根京葱。好多年前，我在写《京葱牛筋煲》的时候，还要花大量的笔墨来解释什么是京葱，现在方便了，就是KFC中老北京鸡肉卷当中的那根葱，对的，白色带一点点淡绿的，圆圆粗粗的那种。

回家了，先弄羊肚，弄得再干净的羊肚，上面总还可能留有一点点颜色不均的小疙瘩，反正前期那么多工夫都没有花，那就仔细地拿把剪刀将羊肚剪开，将之修剪干净。然后，将羊肚切成丝，不能太粗，太粗了一撬一大把，咬不过来，太细了则软塌不成样，半公分左右的粗细即可。

京葱分成两部分，上面的葱绿大约三分之一左右，是一根粗粗的管子，切下弃之，我们只要剩下的葱白。将京葱放在砧板上，斜着切一刀，就是切下一块三角来，然后将之往前滚半圈，刀的方向不变，再切一刀，也是一块三角，再将它滚回来，再切，如是将整根京葱切开。这种切法，由于要将物料滚来滚去，所以叫做"滚刀块"，平时切茭白、切山药，都要用到，不可不知。

将切好的京葱放在一个大碗里，用手抓一抓，每一片京葱都会散开，变成满满的一碗，看着就让人开心。切开的京葱都要这么干，做椒麻鸡的时候，上面要满满的一层京葱，也是这么弄的。

起个油锅，油少一点好了，羊肚并不耗油，将锅烧得热热的，放入京葱爆一下，待到香味起来，就将羊肚放入炒散，同时放入羊肉店拿回来的"秘制"甜面酱。大多数人在这时候多半手忙脚乱，甜面酱还在保险袋里呢，别寻剪刀了，用力将袋子扯开，倒到锅里炒匀就可以起锅了。苏州人的甜面酱不会太咸，而且苏州人是出名的"小气"，不会给太多的酱，所以一起倒下去也不会咸。

这道菜，京葱要脆生生的才好，所以爆葱的时间要极短，如果水平不行的话，可以倒过来，先放羊肚，再放酱，最后起锅前放京葱翻一下即可，其实有许多饭店为了追求色面，也是这么做的。

最后，既然说到了苏州的羊肉，就再卖弄一下吧。上海人所说的白切羊肉，苏州人有别的名称，叫做"羊糕"，我觉得他们的叫法更好，更能够表达"拆骨"这一过程，听着很传神。

营养汤菜

Menu

黑鱼汤

大汤鮸鱼

快手牛肉甜甜锅

咖喱牛肉粉丝汤

清炖鸽子汤

●●● 黑鱼汤

你要说羊汤，滚热而遮盖不住；小排萝卜汤，低调而味美；洋山芋鸡毛菜汤，清新而可口；火腿炖鸡汤，更是鲜香惹人，困梦头里都想喝一碗。

然而这些汤，都没鱼汤来得别致，来得优雅。大多数的汤，只要把食材或剁或切或成丝或成块，放在水中久炖，就成了汤，鱼汤就没这么容易了。

鱼汤要炖得浓浓的，白白的，酽酽的，才有味道才好喝。

鱼汤要白，鱼一定要煎过才行，不是传说，真的。这里，还有一个故事呢！

男人总要有点"恶习"的，我喜欢赌，然而打麻将寻勿着搭子，斗地主没有老师，飞赌场买勿起票子，最后落得不能赌铜钿只好王东道，"王东道"者，沪语"打赌"也。

于是，有一次在莫干山闲聊的时候，与虫爸打了一个赌，由米爸见证。虫爸说鱼不用事先煎过，哪怕没有鱼，只要有油，加水久煮就可以变成浓浓白白酽酽的汤。

那次去莫干山，有五六家拖男带女的，大家众说纷纭，虫爸坚持认为只要有油和水，外加高温，汤色就会变白；原因是虫爸是个玩车的高手，有一次他拆过一只漏水的齿轮箱，打开之后，里面的油水混合物就是像牛奶一般的液体，齿轮箱常在高温下工作，所以虫爸有了这样的想法。

最后，我不同意，于是大家起哄，打了一个赌。结果朋友们一起驱车回沪，我就迫不及待地把米爸拖到了家中，拿出了锅，舀上几调羹的油，然后加水开火煮着，从十点一直煮到十二点，只要一关火，水是水，油是油。后来才知道，当是时，不仅我们家在做这个实验，还有好几家朋友一回到家，也是顾不上打开行囊就点火加水放油，以求一个明白。

当然，大家都没做成这个实验，后来一起寻着虫爸，虫爸说："就算我输了，可折腾了你们这么多人，真是有趣啊！"

是蛮有趣的，但是烧鱼汤一定要用鱼，而且一定要煎过，我相信朋友今生今世也不会忘记了。

鱼汤，又以河鲫鱼与黑鱼最好，我们今天来聊聊黑鱼。

祖母一生一世没有吃过黑鱼，虽然不吃，她却经常烧给我们吃。就像我不吃海带，但是"不吃不等于不能烧"啊！祖母一直说"黑鱼是吃死人的"，所以向来不吃。其实，现在的江河湖海，有死人的机会终究不多，所以尽管吃黑鱼好了。那个和我打赌的虫爸，是钓鱼的高手，所以对鱼类的知识很是丰富，据他说一个鱼塘里只要有了一条黑鱼，可以把整个鱼塘吃到一条别的鱼都不剩，黑鱼是吃荤的。

上海话中有一个词，叫做"黑鱼精"，专门用来形容那种上蹿下跳、搬弄是非的人，就像鱼塘中的一条黑鱼那样，不管什么地方，只要有这种人在，总能把大家搅得"六缸水浑"。

黑鱼的学名是乌鳢，听上去很优雅是不是？优雅的名字却有着凶残的性情，所以养黑鱼的人都会单独弄个鱼塘，只养黑鱼。

当然，黑鱼不是只有塘养的，也有野生的，而且野生的不是吃饲料长大的，味道要比塘养的好上许多。黑鱼，可能是最容易分辨野生和家养的了。黑鱼身上的花纹很好看，有一大块一大块的不规则黑色色块，色块的部分很大，所以叫做黑鱼。有色块，就有底色，底色白的，就是饲养的，黄中带一点点绿的，则是野生的。如果两种鱼放在一起，远远望去，一种是明显的黑白鱼，一种则是黄黄绿绿，有点像昂刺鱼的那种颜色。

黑鱼是我见过的最有生命力的鱼。在菜场中买了黑鱼，托摊主剖杀，弃去鱼鳃，挖去鱼肠，放在塑料袋里拿回家中，扔在水斗里。即便如此，水斗中的塑料袋时不时地会蹦上几下，全是因为袋中的黑鱼所致。

很多人都认为黑鱼没有鳞，其实黑鱼是有鳞的，只是鳞非常细小而且极易脱落罢了。黑鱼周身有黏液，所以是滑滑的，在行的人一般不用手拿，而是用指甲去掐的。掐着鱼将之洗净，用厨房纸尽量擦去表面的滑涎。

起一个油锅，放入葱段和姜片，只等香味起来不必等到葱姜发黑，就将黑鱼放入油锅中煎。黑鱼肉紧，一遇热就会变得硬挺难弯，所以如果家中油锅尺寸不大的话，可以事先将黑鱼切段再煎，免得鱼身变硬之后架在锅的中间吃不到油。鱼段要切得厚一些，烧起汤来不会散开。

鱼身两面都要煎，火不用太大，但是鱼要煎透，煎不透的话，则又回到清油煮清水的老路上去了。待鱼煎透，放一点料酒，先煮上一煮，然后倒入汤锅里，放水盖过鱼身。还是老话，不管油锅还是汤锅，只要没有足够大的锅，还是事先切段的好。

冷水炖鱼，煎鱼的油和葱姜一起倒在汤锅中，先开大火，待水沸之后，改用文火炖煮。只要二十分钟至三十分钟，汤色就变白了，加盐即可。考究的做法是不用盐，待汤色变白后放火腿与黑鱼同煮，鲜香无比，却又没有轻浮之感，火腿很能压得住味道。

最后再来说说那件打赌的事，首先是虫爸输了，但是他并没有请大家吃饭；其次是我就这个问题特地请教了化学家兼昆曲评论家老冯，他告诉我，水和油是可以变白的，那得要有催化剂，或者要有高速搅拌，产生乳化反应才行。对啊，齿轮箱就每分钟有几千转，正符合这个要求啊！

●●● 大汤鮸鱼

　　我虽然做了一个所谓的"美食家"，其实有许许多多的东西没有吃过，前段时间去吃了山东菜，就有一道"鲅鱼水饺"令我大呼好吃。鲅鱼音"霸"，听着就有霸气，此鱼俗称马鲛鱼，上海以前没有新鲜的售卖，所以我没吃过，也很正常。

　　然而有些东西，上海一直有卖，却几乎是熟视无睹的。比如说橡皮鱼，从小到大菜场里就有得卖，其价极贱，只是从来没有买过，因为祖母说那是"发物"，吃了会皮肤起疹，所以一直都没有吃过。再有猪头肉，从未进过家门，究其原因竟然是传说中我父亲吃了猪头肉会发"大头疯"，而且传说中"大头疯"是会遗传给儿子的，以至于我一直要到生了女儿没了后顾之忧才敢尝试一次，结果发现那玩意虽然"割不正"，然而味道还是很不错的。

　　"大头疯"其实是异性蛋白引起的过敏，过敏严重的时候脸会肿起来，看上去头就大了一圈，所以俗称大头疯。我吃了猪头肉，没有发大头疯，于是我去找父亲，想让他也试试，可是老人家可能有幼年的阴影，死活都不愿冒险，徒失了一次品尝美食的机会。

除了这些，我觉得大多数上海的东西，我都吃过，我也很自豪，真到前天滨滨和我说："现在绵鱼老好吃呃，你可以去买两条弄弄咧。"

绵鱼？从来没有听过啊？既然钓鱼大王滨滨说好吃，那就买来吃吃吧。去到菜场，一问，果然是有种鱼叫绵鱼，白色的鱼身，上面有黑色的花纹，远处望过去，就是灰白色的鱼了，其貌不扬，嘴是尖尖的，利齿清晰可见，怎么看都是个丑丑的家伙。

一问价钱，10元一斤，和现在的物价相比，倒是不贵，于是就称了两条，七两一条，差不多够一顿的。后来在网上一查，原来这种鱼的标准名称是"鮸鱼"，绵鱼则是我想当然的名字，此鱼亦名"米鱼"，大的可以有一米多长，绝对是大家伙哦！

那一顿吃得非常满意，大家都呼"好鲜"。既然有好东西，那就不能藏着，写出来告诉大家吧，我们一起来做"大汤鮸鱼"。

买海鲜，当然要挑新鲜的，新鲜的海鲜闻着没有腥臭的味道，摸上去有弹性没有滑腻感。鮸鱼既然可以长到一米多长，几十斤重，而菜场的常规鮸鱼不过一斤两斤的样子，那么就尽量挑大的买，怎么也不会老的。

现在上海的海鲜摊，都会替客人把鱼"杀"好，哪怕是死鱼，在上海话中的动词还是"杀"。杀鱼包括开膛破肚挖净内脏、刮鳞去鳃剪鳍等一整套的工序，反正就是让一条鱼变成只要水里冲冲干净，就可以烧的食材。

鲍鱼买回家，就是在水里冲冲了，有的时候，摊贩马虎，所以要仔细地摸一摸鱼身，有鱼鳞的话要再刮刮干净。海鱼的鳞易刮，有时不用刀就用手指甲也行，把腹内两边也都用刀刮一下，虽然海鱼腹内没有河鲫鱼那样明显的黑衣，但是刮一刮也不妨。

鲍鱼的味道和黄鱼差不多，而且同属石首鱼科，然而价格却要差上许多，鲍鱼比小黄鱼都便宜，肯定是有其道理的。鲍鱼的肉没有黄鱼那么细洁，也没有黄鱼那么紧实，所以调弄还是要费点手脚的。

先要腌上一腌。我经常说，腌几个小时的腌法上海话叫"曝腌"，而"曝"在上海话中则念作"暴"，但是最近看资料，看到好几次"抱腌"的写法，就如好的咸鳘鱼，经过反复腌制的，一般写作"三抱咸鳘鱼"一样，这个字竟然是"抱"，仔细地查了工具书，并没有相关的释义，想是由于发音的关系，以讹传讹了。

将鲍鱼浑身都涂上盐，鱼腹里也要涂上盐，手笔大的朋友，可以拿着塑料袋往鱼身鱼腹里倒盐，倒完拎着尾巴抖去浮盐即可。曝腌一般要二三个小时，要让盐吃进鱼身，逼出多余的水分来。腌着的鱼应该放在通风干爽的地方，切忌烈日曝晒，那样的话，鱼会发臭的。

时间多一点也好，可以腌得透一点，但是时间越长，用的盐就要相应减少，否则的话，会咸死人的。腌好的鱼，在烧煮之前，还要洗一次，本来已经干了的鱼，又湿了，湿的话不容易煎好，所以最好中午买来，先腌几个小时，然后洗净，再放着吹吹干。

待鱼吹干，起个油锅，油不要太多但还是要有。油热之后，爆几片生姜，所谓的爆就是炸姜片，炸至姜片开始变色将鱼放入锅内煎。

煎鱼是个耐心活，在鱼皮煎老之前千万不能动，这就像是两个人抢一样东西，谁坚持得久，谁就会胜利。鱼身和锅子都要抢鱼皮，锅子力气大，如果一煎就用筷子、镬铲去拨弄，那么鱼皮就会沾在锅子上，全无卖相；鱼身力气不大，但耐力极高，只要煎透了，鱼皮就会紧紧地贴在鱼身上，轻轻地用筷子一推，整条鱼就可以在锅里滑来滑去。

鱼要煎两面，要煎透，否则的话，卖相很差，当然你要说反正自己家里自己人吃的，卖相在其次，亲情放第一，那也完全无可厚非，况且此菜就算卖相一般，也不影响其鲜美的程度。

煎好鱼之后，就不用拿出来了，放一点点料酒，只听嗞的一声，盖上镬盖焖一焖，然后开盖放水，放多少？要视你的汤盆来决定，我的汤盆小，两条鱼的话，我只能放入一大碗水，也基本可以盖过鮸鱼，然后就盖上盖子用大火烧。"大汤"是宁波话，就是汤多的意思，但是切忌水放得太多，清汤寡水的还有什么吃头？

河鲫鱼的话，要炖出奶白色的汤来并不容易，没有耐心的朋友是做不出来的，而鮸鱼则不同，这是一种很容易给初学者信心的食材，煎好的鱼放上水，不过五六分钟，汤水就变成白的了。

如果有浮沫，要用勺撇去，然后改用中火将鱼汤炖着，时间越长则汤色越浓。此汤可以放盐，也可以放咸菜吊味，咸菜用梗，可以稍微留几片叶子配色，但只需几片即可。

上桌之前，有葱的撒些葱花，没有亦不妨。其汤鲜美异常，鱼肉虽较黄鱼稍粗，但好在几乎无刺，吃起来方便。一顿中饭吃了一半，剩下的汤不舍得倒去，下午放在灶上又煮了一回，鱼身酥烂之后用筷子搛去鱼头和大骨，余汤做了鲜肉馄饨的汤底，真是人间美味。

此汤简便易学，可以作为初学者的入门汤。现在大黄鱼濒临灭绝，也只能用鮸鱼来打打牙祭了。

●●● 快手牛肉甜甜锅

转眼又到冬至了，严格地说，今天并不是冬至，今天是冬至夜，一如圣诞夜不是圣诞节一样，冬至夜也不是冬至节，Christmas eve 是 Christmas 的前夜。

那么很简单了，冬至是 Winter solstice，后面加一个 eve，Winter solstice eve，就是冬至夜了。冬至夜和冬至节，在传统上，是很重要的一件事，各地都有许多重要的民俗活动。

现在的人不知道，以为冬至是鬼节，于是冬至怕怕的。好多人清明怕怕的，七月半怕怕的，冬至也怕怕的，于是每逢这三天都烧香点锡箔，以求太平。

其实这完全是"没有文化的苦了"，这几天，根本就是各有用处的。首先，清明是扫墓用的，过去，那是从祖坟扫起的。以前的有钱人，都是有坟山的，清明时节，万物复苏，去坟头除除杂草，同时也踏踏青，是符合气候条件的。当然现在的人扫墓也就扫父母祖父母的了，祖坟早就被掘了，坟山更是收归国有，想也别想了。

再说鬼节吧，那倒真的是野鬼出没的日子。七月半又称盂兰盆会，这里有一个目连救母的故事，说是他娘生前无恶不作，死后堕入地狱，后来目连去救她，经高人指点要于七月十五馈饲野鬼，于是就有了盂兰盆会。过去这一天，在民间也是极其热闹的，人们会扮成各种妖魔鬼怪"出会"游行，丝毫不亚于西方的万圣节。以前在民间，盂兰盆会是极其热闹的节日，时值盛夏，正是大家疯玩的好时候。

还有就是冬至了。现在的人，最为忌讳冬至，因为冬至前后气候变化降温厉害，许多老人抗不过就往生了，民间唤作"收人"，常说"冬至到了，天老爷又要收人了"。有人说冬至也是鬼节，实是讹传，冬至是在家祭祖的日子，这个时候在许多地方已经很冷了，特别在北方，已经天落雪河封冰了，所以压根就没法进行户外活动了，于是在家中烧些祭菜祭祀祖先，苏州人谓之"过节"。

看到了吧，清明、盂兰盆会和冬至，进行不同的活动，都是以气候为原则的，天热则动，天冷则静，都是符合科学原理的。今天是冬至夜，上海俗话"冬至夜，有吃吃一夜，呒（没）吃冻一夜"，讲的是这天的晚饭要好好吃一顿，实际上也是以前祭祀活动的衍生。

现在的上海，很少有大家庭了，一般三口之家，父母也都健在，没啥大规模的祭祀活动，所以冬至也就是"吃顿好的"；然而冬至是不放假的，下了班再买菜回家，要弄上一桌菜，非巧妇不能为也，别的不说，就是普普通通的小排汤，也得烧上一个小时吧？所以，既不是不会做，也不是没有原料，最最关键的还是时间。

番茄蛋汤、榨菜蛋菜、紫菜虾皮汤，固然可以很快，但是终究不够水准，离"吃顿好的"差了许多，我就来介绍一种又快又豪华又好吃的牛肉汤吧。

普通的牛肉汤，用洋葱和牛肉一起炖，没二三个小时，绝对不能出味入味。要是下班来做，只能第二天吃，因为牛肉又大又厚，实在不能一蹴而就，所以首先要从牛肉上来入手。

这个汤，是从日式的寿喜烧而来。日本人在德川幕府时期，一般不食牛肉，只有在喜庆的时候，才弄一个牛肉火锅来吃，所以叫做"寿喜烧"。不过我可没兴趣学做那玩意，要是说"仿寿喜烧"，那么用什么锅、放什么料、蘸什么酱，都有讲究，干脆换一个名字，就叫"牛肉甜甜锅"，与寿喜烧全无关系，反而大家都能接受。好的寿喜烧照理要用上等的雪花牛肉切薄片而成，如果买不到或者不舍得的话，用普通涮火锅吃的肥牛卷就可以了。

先要烧一个锅底，别说有高汤，有高汤就不是"多快好省"的做法了，那高汤本身，就要几个小时，而且此汤清淡，不宜用高汤来做。上海人常开玩笑说喝酱油汤，这道汤还真的就是从酱油汤开始的。找一个锅，锅中放半锅左右的水，然后放入生抽，标准的寿喜锅要用日本的味噌来炒酱，我们反正只是牛肉锅，只要清水加生抽就行了。我的经验是一锅汤，加六调羹生抽，如果吃不准分量，可以到最后再放，放一调羹尝一尝，当然不会失败。

先煮上一点白菜吧。白菜，上海人叫黄芽菜，买一棵新鲜的回来，最外面的老叶弃之，然后将之一片片地掰下，小的黄芽菜要用一整棵，大的则可以省一点。将菜叶洗一下，放在汤锅中，水少的话就再加一点，开火煮吧。煮大约十五分钟，黄芽菜就缩了，这时放一点洗净的金针菇下去。金针菇是一捆捆卖的，买来之后，一把捏住，剪去根再用水冲净，直接一把放入锅中，放在锅的一边，不要捣得乱七八糟的，让它静静地煮着即可。再放一点豆腐，豆腐不宜太嫩，碎得烂烂的汤色不清，就不好了；稍微老一点的豆腐，切成麻将牌大小，放在锅的中间，把火稍微调小一些，不要沸腾得太厉害，把豆腐弄碎。

黄芽菜、金针菇和豆腐是除了牛肉之外的最基本原料，其他的尽可自行发挥，买得到好的虾，可以放虾；喜欢吃菌菇的，可以放些切片的杏鲍菇和香菇；反正，一切尽可随缘，只是注意，这汤要干干净净的才好，所以易碎的物料，尽量少用。生抽水的颜色很淡，如果觉得太淡的话，此时可以加入一点点老抽来着色，以舀起的汤是淡褐色为准，太浓令人没有食欲。

冬天的黄芽菜富含糖分，这时的汤应该已经是甜甜的了，吃口清淡的朋友就不用再放糖了，喜食甜味的可以再放些白糖以增味度。改用大火，待汤沸腾起来，就放入牛肉卷。牛肉卷放在锅的一边，一会儿就软化变色了，等锅再次沸腾起来，即可关火上桌。

寿喜烧一般最后会放一个生鸡蛋在锅中，待汤温将之焐得半熟，谓之温泉蛋；又或者会用生鸡蛋来做蘸料。反正我们也不是寿喜烧，想怎么玩就怎么玩，不必拘泥。因为汤是甜的，所以我就起了个"快手牛肉甜甜锅"的名字。不见得非要冬至吃，平时想改善改善口味也行，从洗食材到烧好，不过二十多分钟，是个在时间上非常经济的选择，食物的量也刚够三口之家享用，希望朋友们能够喜欢。

●●● 咖喱牛肉粉丝汤

　　有一次去敦煌玩，大冬天的，奇冷，去的时候，火车里虽然暖气很足，可是玻璃窗上依然结起了冰。厚厚的一层冰，就结在玻璃的内侧，可想而知外面有多冷了，火车上的滚动条显示着外面的气温是零下 30℃。

　　坐了六十个小时的火车，离乌鲁木齐也就剩十二小时了；凌晨下了火车，再倒车来到市里，早就筋疲力尽，加上冷风嗖嗖，真是又冷又饿。好在有当地的朋友与我们同行，一下火车就把我们带到了他熟悉的牛肉面馆。

　　记忆中，那根本不能算是一家面馆，那根本就是一个家。外面没有招牌，只有玻璃窗和门，门上挂着厚厚的棉门帘，玻璃上还用纸贴着米字；进得门去，屋中是几个方桌，几条长凳，没有菜单也没有价目表，屋内昏昏暗暗的，让人颇有一种穿越的感觉。

　　没有收银台，也没有冰箱，暖气很足，厨房就在隔壁，可以去看着店主拉面。这家店也只卖牛肉拉面，没有二两三两的区别，只有

"大碗"和"大大碗"的不同。

这是我吃过的最好吃的一碗牛肉拉面了，首先就是热，屋里热，面汤也热，粗瓷大碗捧在手里，热量就传遍全身了。面很筋道，有嚼劲，牛肉片很厚很多，上面撒着的香菜散发着诱人的味道，连我这个不怎么喜食香辛的人也不禁胃口大开了。

牛肉汤很是醇厚，咸中带鲜，汤面漂着一层牛油，因此波澜不惊，我着实被烫了一下。西北人吃面都豪爽，整间屋子此起彼落着各种嘬吸的声音，我也入乡随俗，稀里哗啦地就把整碗面吃掉了，顿时忘却了困顿，精神百倍。

东西吃完了，但隐隐约约地总是感到有点问题，却又说不出来。直到后来去鸣沙山，看到一片黄黄的沙漠时，终于被我想了出来——咖喱，少了咖喱。

上海以前是没有拉面的，只有切面，改革开放以后，渐渐地有了"兰州拉面"这样一个东西。一开始的时候，拉面相当受欢迎，因为好玩嘛，一堆面拉上几下就可以变成面条，而且要宽的有宽的，要细的有细的，一时间让上海人大开了一回眼界。

然而新鲜劲过了，兰州拉面也就半死不活地在上海生存着，感觉上几公里之内总有那么一家，但真要吃的时候，很少会主动想去那里，只有路过正好要吃，也就点上一碗。

上海所有的兰州拉面，都是烧着一大锅咖喱汤，边上放着一大堆切好的牛肉片，等面下好了，就放在碗里，舀上一大勺咖喱汤再在面上放几片牛肉，撒一把香菜，就是一碗拉面了。所以，上海人眼里的兰州拉面，一定要放咖喱，没有咖喱的都不是正宗的兰州拉面。

那次从敦煌回沪，买不到敦煌直达上海的火车票，于是就买了到兰州的，让我特地有机会去"考察"一下兰州的拉面。不看不知道，一看吓一跳。原来整个兰州的拉面，全是不放咖喱的，原来只有"上海兰州拉面"才是放咖喱的。当然道理上也说得通，西北的上海小笼就很少有纯肉的，都是有菜有肉的馅。

虽然上海的兰州拉面其实并不正宗，但依然挺受上海人喜欢，更有许多上海人也在家中自制。说要家中拉面，对上海人来说几乎是mission impossible 了，家里折中的办法就是把面条换成粉丝，倒也不错，我这就告诉大家怎么制作。

在制作之前，要问大家一个问题，为什么最早的时候，上海的拉面会是放咖喱的呢？

生存，一切都是为了生存啊！一碗拉面，哪怕到了现在，都没有超过 10 元的，甚至有的地方才只有 5 元、6 元。除了拿在手里的吃食之外，放进碗里可以吃饱肚子的，拉面算是最便宜的了。

然而上海的牛肉，质量要比西北的差上好多，加上物价的因素，即便买上海牛肉，拉面摊也不可能买很好的东西，综合下来，上海的牛肉拉面在本质上就输了。所以，放咖喱，只是万般无奈的办法，放了咖喱，可以取长补短，用咖喱的特殊香味了掩盖牛肉质量不佳的毛病，不想歪打正着，使上海多了一道美食。

好了，你知道该买什么牛肉了吧？买最便宜的！你是准备烧给自己人吃的吗？还是准备烧好了去卖掉？少发神经了，这是烧给家人吃的，你得买好的。当然，我也没有叫你去买雪花和牛来烧咖喱牛肉汤，那根本就是暴殄天物了，你只需要买最最普通的牛肉就可以了。不用牛里脊，不用牛排，只要最最普通的腿肉就可以了。牛肉不宜烧得少，起码也得一斤以上；牛肉易缩，一斤牛肉煮好后只有小小的一块，所以还是多一点的好。

牛肉买回来，水中稍微浸一会儿，浸去一点血水，大约半个小时左右。然后放在锅中，用水盖过，点火烧煮。牛肉的血水很厉害，所以最好出一潜水，当然最后咖喱的味道完全可以盖过血腥味，偷懒的话把血沫舀掉就可以了。

牛肉出水，要冷水煮到沸，再等一两分钟后把热水倒去，另外用温水洗净牛肉，放回锅中再用热水来煮。煮牛肉的水不妨多一点，反正是汤嘛。

牛肉老硬，一般要煮两个小时以上，待用筷子扎之可穿的时候，就将牛肉取出，放在一边待凉。牛肉一定要冷透了才能切，热切的话一来烫手，二来易碎，颇有劳民伤财之意。

忘了说咖喱了，中国人就别指望像印度人那样从姜黄磨粉开始做咖喱了，就算印度菜馆开到上海来，也是使用现成的咖喱的。首先，咖喱有两种，一种就是传统的咖喱粉和油咖喱；另一种是最近才传到中国的日式咖喱，常见是预先制好的调料块，可以做出比较黏稠的风格。

我们只讨论传统的油咖喱和咖喱粉，这两种东西，都是我小时候就有的，估计解放前就在上海流行了。那时上海的印度人不少，英租界里更是用印度人做巡警，被上海人叫做印度阿三。油咖喱是放在一个瓶中的，主要用来做土豆咖喱鸡之类的东西，而做汤，常用的就是咖喱粉了。

咖喱粉不能直接倒进牛肉汤里，要先起一个油锅。咖喱粉是装在纸袋子里卖的，一袋刚好烧一锅汤。将油放在锅里，放入咖喱粉，点火炒匀，倒一点牛肉汤在锅内，搪净锅身，一起倒入牛肉汤，开大火待水沸后加盐即可。

粉丝，要事先用开水泡好。然后就可以切牛肉了。牛肉要切得薄，当然家庭的水平不可能和拉面摊比，在我的观察下，拉面摊切牛肉片的水平与物价水平成反比，物价涨得越快，牛肉片就越薄。

如果牛肉汤多，不能一次吃完，就取一些出来放在小锅中，浇沸后放入粉丝，再抓些牛肉片进去即可。粉丝易糊，所以要一次吃完，如果放在大锅中一次吃不完，则隔日的汤就会变浊，大不合算。

做咖喱牛肉汤还挺费时的，不过做一次可以吃上好几顿，所以可行性还是有点的。另外有一点切记，用塑料容器带饭的朋友最好不要带汤了，咖喱的颜色沾在塑料上，要很久以后才能洗掉，饭盒一直黄黄的，总让人有些怪怪的。

● ● ● 清炖鸽子汤

　　有些食物的禁忌，是与宗教有关的，比如说穆斯林教徒是不吃猪肉的，因为在他们的教义里，猪是不洁净的动物；还有，印度教的人是不吃牛的，传说中是因为牛是神，因为湿婆的坐骑和化身都是牛，所以牛是有来头的，那当然也不能吃喽！然而事实上，印度却是全世界最大的牛皮生产国与出口国之一。

　　穆斯林和基督教徒都不食动物的血，各有教义可以举证，所以他们也从来不吃上海的名小吃——鸡鸭血汤。另外，上海的基督教徒也不吃鸽子，这就有些可以讨论的地方了。

　　有种说法是挪亚方舟救了全地球的生物，在一年零十天之后，鸽子衔着橄榄枝回来，所以鸽子成了和平与生命的象征，因此基督教徒不能吃鸽子；又有一种说法是《圣经》中鸽子象征着圣灵，故此基督教徒不能吃鸽子。

　　其实这两种说法都是编出来的，我为此特地去问过许多外国的基督徒，他们并没有如此的禁忌，只是在国外吃鸽子的人比较少，然而他们到了广东、上海，还是吃鸽子的。究竟为什么有那些编出来的原因呢？因为传统上有些上海人认为鸽子如果闷杀不放血的话更补，而基督教徒是不食用动物血的，同时也不食用没有放血的动物，故此有人特地编出了那些理由来，主要是劝告"不明真相"的普通基督徒忌嘴，就像有些佛教徒编出了"清明后的螺蛳有毒"以拯救清明后怀仔的母螺蛳一样。

其实信主的朋友们完全不用太拘泥，若是怕超市的冷冻鸽子都是闷死的，那直接自己到菜场的活禽摊上去买好了，只要告诉摊主直接宰杀不要闷死即可，而实际上超市的鸽子更可放心，大批量的流水作业，谁会真正胃口好到一只只来闷啊？

当然，吃东西就要吃个放心，疑心疑惑总不是个事，能够亲眼看着宰杀，不但可以保证符合宗教的礼义，还可以保证是活杀的。上海人对于活杀，可是相当讲究的。

买鸽，一般有灰的和白的两种，灰的话皮色有时是青的，不喜欢的朋友还是挑白的来得好。鸽子要挑腿短的，腿短的跑得慢，所以长得肥。不过，这其实是我开玩笑的说法，鸽子的肥美完全是由品种决定的。肉鸽，要看上去温顺的，长得圆圆的，腰圆、背宽、腿短的才好；现在的鸽子都是论只卖的，当然挑个大体重的来得合算一点。

菜场卖活鸽，不但负责宰杀，还负责去毛，买回家后仔细地看一下，如果有残留的羴毛，就再拔拔干净；大多数人不喜欢吃屁股，那就剪下弃去。

洗鸽子的时候，烧一锅水，马上就要用到。先用一口大锅，把鸽子连同鸽肫鸽心鸽肝一起放入，放一点点料酒后用冷水盖过鸽子，开大火烧煮，待水滚后只等一到两分钟，血沫会浮上来，此时把鸽子拿出来，用温水再次洗净，然后换到一个小锅中。

锅要小，正好容纳鸽子的尺寸，将烧好的热水放下去盖过，料酒依然要放一点的，然后开最小的火烧着。葱姜绝对不能有，特别是姜，味道太过霸道，而青葱久煮发臭，同样要不得。

就用最小的火烧着，汤一定要清才好，清的关键就是用小火，一用大火汤色即浑，切记切记。用最小的火炖，水开也要十几分钟，把整个鸽子炖透，大概一个半小时到两小时，保证其间香味四溢，让你恨不得马上盛一碗喝下肚去。

鸽汤可以不用盐，有些人喜欢放上一块火腿，但我总觉得火腿的香易与鸽子"叠味"，因此我喜欢有上好的扁尖一根，只洗不浸，剪成段后与鸽子同炖。相信我，一根扁尖就足够了，多了不但抢香味，而且会有太咸之虞。

鸽子营养较鸡好，那只是卖鸽子的忽悠人说的，其实现在的鸡也好，鸽子也好，都是大规模饲养的，营养程度的高低，完全取决于饲料的好坏，物种本身的区别反而来得较小。鸽子最大的好处在于三口之家一顿可以吃完，人少的家庭，买上一只老母鸡炖汤，今天吃明天吃，再好的东西也吃厌了。

所以，如果你已经吃厌了鸡汤的话，倒是可以换换口味，买上一只鸽子炖汤来吃，保证你会喜欢的。倒是有一点要提醒大家，鸽子汤比鸡汤更油，一定要趁热而食，稍温即腻。当然好东西谁会放冷了才吃呢？我也是多虑了。

主食茶点

Menu

并百汁

吉野家的牛肉饭

佛家素面

猪油块

上海法式吐司

五香茶叶蛋

奶茶

●●● 并百汁

庄祖宜说现在台湾的美食书不好看，"说来说去就是小时候如何如何，这个菜像阿妈烧的，那个菜像阿爸烧的"，她在说的时候加重了"妈"的语音，很是有趣。

我其实就挺喜欢写以前的事的，说到物质资源，那是忆苦思甜，说到佳肴美味，却是忆甜思苦。怎么个叫忆甜思苦？就是觉得以前的东西比现在好吃。

你想，小时候的鸡要养一两年，后来呢？"正大鸡，49天"，估计现在的鸡长得更快。大家都觉得这种长得飞快的引进品种，远远没有土生土长的走地鸡来得好吃，别说口感了，同样炖个鸡汤，香味都不能比。

别说21世纪的我了，哪怕六十年前，香港的特级校对陈梦因先生已经在抱怨当时的香港饭店炖不出好高汤了，因为鸡不一样了，火腿也不一样了，可见对于美味的怀念，是亘古不变的话题。

动物、植物的大规模养殖、种植，势必造成物种退化，使得味道不如以前，这固然是一个因素。食物品种多样化，添加剂的大量使用，使得人们的口味越发敏感，也是一个不争的事实。

我的祖母经常说"嘴巴吃刁脱了"，就是这个意思。阅读许多史料可以发现，在古代，哪怕是钟鸣鼎食的大户人家，也不是顿顿有荤的；即便是《红楼梦》，纵然有"茄鲞"之类的功夫菜，纵然菜式多样以至于有人光靠研究红楼菜就养活一家人吃了一辈子，但实际上与大酒楼相比，也不过如此。曹雪芹对于吃顿大闸蟹还大书特书，近来被发掘出来的老上海照片中就有一张"穷人吃蟹"的照片，两个衣衫褴褛之人在吃蟹，面前的大蟹堆成小山，从比例看，每只都在半斤左右。

所以，大家都觉得现在的东西没有以前的好吃。其实要想吃到以前的味道，只要把自己饿上半个月，然后再来开荤，保证你觉得鸡也是鸡的味道了，猪也是猪的味道了。

咸泡饭，是我小时候认为最好吃的东西之一了。这其实根本不是一道菜，甚至都不是新烧出来的东西。

上海人都吃泡饭，虽说"四大金刚"是上海最有名的早餐，但其实泡饭的食用量要远远大于大饼油条；怎么说大饼油条都是要拿钱出去买的，泡饭则是现成可以随手拈来的。所谓泡饭，就是隔天的冷饭，早上用热开水一泡，或煮或不煮；泡饭没有味道，往往就点乳腐、酱瓜、大头菜、宝塔菜等等的酱菜。小孩子大多不喜欢吃泡饭，于是大人就拿出钱来让孩子们去买点点心吃。

我就不喜欢吃泡饭，泡饭没有味道啊，我也不喜欢酱菜的味道，然而我却很喜欢咸泡饭。咸泡饭当然不是淡泡饭加点盐，咸泡饭是用剩饭剩菜做出来的。祖母是苏州人，她不称"咸泡饭"，而是叫做"并百汁"。我以前见她烧咸泡饭，总是把剩菜剩饭倒在一起烧，所以我以为是叫"并八只"，心想"八只者，言其多也"，后来想想其实八只剩菜也不算多的，那就写作"并百汁"吧，是不是感觉上更有意味一点？

我来告诉你并百汁要如何做，才能够香，才能有"以前的味道"。

首先要有剩饭，现在好的电饭煲，可以怎么烧都没有饭煁，那样的饭，做成咸泡饭不见得好吃。饭煁，又叫镀焦，"译"成普通话则是锅巴。其实，大多数的电饭煲还是有饭煁的，只是没有以前的铁锅那么厚实。

电饭煲里的剩饭，永远都是个问题，特别是饭煁，很难弄下来，以至于我祖母再世时，每回都"伸长耳朵"等着听电饭煲的控制钮跳起，然后立马拔电，就是为了防止有饭煁的产生。

如果烧咸泡饭，就无所谓了，隔天烧饭的时候，不妨多烧一会儿，饭煁越黄则越香。第二天烧咸泡饭前，提前一个小时，锅中放水浸着，慢慢地，饭煁就会涨发起来，最终全都脱离锅壁，用饭勺轻轻地一刮，就下来了。

将刮下来的剩饭，倒在一个汤锅里，点上火煮吧，水不要多，盖过饭后还多出一个指节左右就差不多了。先开大火烧，待汤烧沸了，就改用中小火，保证汤面翻腾，却又动静不大为好。

至于剩菜，那得看运气的，当然如果你只有剩饭没有剩菜，那也就完全没有必要追求咸泡饭的美味了。所以我们谈的是有剩菜的情况，而且还是在有几道的情况下。

　　剩菜有荤有素，可不是一股脑儿往泡饭里倒，烧烧热就能吃的，那种烧法，是叫花子热饭，我们还是有追求的。

　　打个比方吧，若有半碗吃剩下的红烧鲫鱼，只剩头尾加上当中的骨头，连汤带鱼在冰箱里冻成了一大块，那就绝对不能拿起碗来往锅里一倒了事。想想看，那么多的酱油汤，加上鱼骨，全都和泡饭混在一起，别说味道了，被鱼骨卡得半死送医院都有份啊！

　　再如若是剩了半盆龙虾片，总不见得也能倒在锅里烧吧？又如粉丝煲，和泡饭烧在一起的话，我保证你看了都没有食欲再吃。

　　烧咸泡饭真的是有讲究的，剩菜最好是成块的，比如烤鸭、烤鸡、烧肉，或者是成块混炒的，就像花菜炒肉片、黄瓜炒蛋，这些菜都是正正气气的材料，即使放在锅里一起炖煮，也不会软烂无形。

　　又有一些汤汤水水的菜，或者汁水丰富的炒菜，则只能将料放入，汤水则要酌情，否则的话，几份菜的盐分全都到了咸泡饭里，不咸死才怪。大多数红烧的菜，清炒的海鲜，都有很多的汤水，红烧蹄髈、清炒花蛤，都有很多的汤水，也都很鲜，但是要考虑到这些东西都有偏咸之虞，汤水要分批放入，才能做出合味的咸泡饭来。

　　再有一些绿叶菜，空心菜是烧不烂的，米苋是烧得烂烂才好吃的，这些放在咸泡饭里都没有问题；而有些绿叶菜，就要趁新鲜吃的，比如青菜，新炒出的碧绿生青，放置一天之后则软烂黄绿，最好不要放在咸泡饭里。

如果要好看一点，不如取青菜一两棵，洗净后切成丁，待咸泡饭烧透后，放入青菜末再烧一两分钟即可，虽说只是一点青菜，但仅仅是这一点点，就有推陈出新、画龙点睛之奇效。

这些只是咸泡饭的概念罢了，真正的咸泡饭还是见仁见智、各显神通的，如果读者有什么心得体会，不妨告诉我，大家一起交流交流。

●●● 吉野家的牛肉饭

上班上到一半，接一电话，原来有朋自远方来，点名要在我家吃，不要上酒楼。天下竟然有这样的事，客人定要叨扰，主人只得听命，好在是很好的朋友，当然也就不拘小节。

可是朋友来得突然，未及准备，五点下班七点开宴，只能弄点多快好省的小菜了。走到超市一看，东西倒还真是不少，买了点面包粉与排骨弄个炸猪排，既快又有上海特色；弄条鱼蒸蒸，方便也营养；再买了几道素蔬，只剩一样汤了。番茄蛋汤、榨菜肉丝汤，未免稍显寒酸。

正在寻思如何可以又快又取巧地做碗汤出来，就在冰鲜柜里看到了一种咖喱牛肉。这种牛肉我以前在新雅粤菜馆里买过，是煮熟放过咖喱的，拿回家后只要加点水一烧，自己泡点粉丝，就成咖喱牛肉粉丝汤了。

买好咖喱牛肉半成品，就回家弄菜弄饭。煎排骨蒸鱼炒菜，泡好了粉丝做成汤，与朋友执壶而谈，相聚甚欢。美中不足的是，牛肉硬得咬也咬不动，只能喝汤了。

又有一次，也是请朋友，上了牛肉汤的当，改用别的；这回的朋友是上海人，就不弄炸猪排卖噱头了，而是改用团购的牛排。

结果又出了洋相，牛排化了冻，在煎锅中煎熟，虽然依然带生，可还是老硬难啃。准备了刀叉，然而牛排硬得连刀都切不动，万般无奈之下忽发奇想用剪刀剪成小块，像吃牛肉干的吃法才能咬嚼下去。最后只能自我安慰"到底便宜没好货，好货不便宜"。

后来，我就在想，一次汤一次菜，都是牛肉，都是在老嫩上出了问题，那怎么才能嫩呢？嫩肉粉？连味精都不用的我，怎么可能去玩嫩肉粉？虽然味精和嫩肉粉都是无毒无害的，但体现不出本事来啊！

牛肉要嫩，当然原料要好，半成品的咖喱牛肉，本来就是边角料做的；至于团购的牛排，每块十几二十元，一斤也就几十元，和菜场的普通牛肉差不多，当然不会嫩到哪里去。去涉外的超市，好一点的雪花牛肉，要二三百元一斤，再要不嫩，也真对不起这个价钱了。

一般的牛肉，要说硬，当然是没有煮到火候，然而炖上几个小时，酥是酥了，可是肉纤维很粗，依然还是咬不动，难道要吃好的牛肉，只能出大价钱吗？

本来，我以为这件事是无解的，直到我吃到了吉野家的牛肉饭。吉野家是连锁的日式快餐店，上海有许多家，招牌的牛肉饭，只要十几元一份，外加一份牛肉"浇头"，也不过 10 元左右。这么便宜的价格，照样把牛肉做得鲜嫩多汁，完全不像放了嫩肉粉虽嫩却无嚼劲的样子，他们是怎么做到的呢？

后来突然有一天，和朋友说起那个用剪刀剪牛排的事，被我突然想通了。肉料老，只要弄得小，就可以借过许多，就像肉松，谁会觉得老呢？至于牛肉，只要像吉野家一样，切得薄就可以了，其薄如纸的牛肉，怎么都咬得动的，不就借过了牛肉易老的问题吗？

说干就干，去菜场买了肉，"尽我所能"将牛肉片成薄片。可别小看这"尽我所谓"，我可是一块豆腐干可以片十三片的人啊！然而我还是失败了，牛肉比豆腐干软，所以最后我也只能片得比豆腐干厚，一烧，依然老。那就把牛肉弄硬吧，最简单的，当然是冰冻喽，于是我将牛肉冻硬，再拿出来片。这下可好，别说切了，砸也砸不开，找出把冰冻刀来，才切了一片我就放弃了，因为太费力了，这要一块切下来，我的两个手臂可能就有粗细之分了。

难道无解了？不是。有一次吃火锅，我吃到了一种肥牛卷，其实就是一片用机器切出来的冰牛肉，一堆冰牛肉放在一起只有一点点，于是聪明的店家将之卷了几来，没几片就可以堆成一大盆了。用这种玩意做成牛肉"浇头"，应该可以吧？

去超市一找，果然有这样的东西，就叫肥牛卷，夏天的时候可能只有一两个牌子，到了冬天就有十几个不同的品牌了。

买了一包回家，试验之后，效果相当地好，在家就可以做出吉野家的牛肉饭啦！

吉野家的牛肉饭，说难并不难，主料只有三样东西——牛肉、洋葱、饭。牛肉，我们已经选好了，超市的肥牛卷就可以了，建议大家购买肥肉多一点的，更嫩一些。然后是洋葱，洋葱有白洋葱、紫洋葱和红洋葱，紫洋葱在上海最为常见，味道也更香一点，如果想吃甜而厚实的口味，可以选择白洋葱，否则就简简单单买一个拳头大小的紫洋葱好了。洋葱要买重而紧的，外皮有破不要紧，剥掉就可以，千万不能捏上去软软的，那种洋葱已经从里面开始烂了。

洋葱买回家，外面的老皮剥下扔掉，然后将洋葱竖的一刀、横的一刀切成四块，把有"年轮"的那一面垂直于砧板摆放，再一刀一刀地竖着往下切，就可以把洋葱切成丝了。洋葱丝不要太粗，大约三四毫米的样子。

将洋葱都切好，起一个油锅，把洋葱放入煸炒。洋葱不是很容易软的，开小火烧一下，会有水分出来，慢慢来就是了。

再烧一小锅水，真正的一小锅，有一点点水就可以了，水中放一点料酒，把肥牛卷放入汆一下。心急吃不得烫粥，如果一小锅水把一大包肥牛卷一起倒入，那么水温立刻下降，要煮上好久才能把一包肥牛卷重新烫熟，不如分几次来烫，断生即可。

烫好肥牛卷，就夹出来放在碗里，等所有的肥牛卷都烫好，洋葱也就煸得差不多了，改用大火，然后把所有的肥牛卷一起放到煸洋葱的锅，放一点点生抽，再放点糖，翻炒均匀即可。不要放老抽，老抽的颜色太深，其实日本料理讲究清清爽爽、原汁原味，没有浓墨重彩的做法。

忘了说饭了，不同于煲仔饭对米很有讲究，牛肉饭的饭，只要平时大家喜欢吃的米就可以了，烧到中意的软硬程度，再加上洋葱牛肉，就是一道美味的牛肉饭了。这也是一道"多快好省"的菜，如果平时工作紧张，没有时间弄好几道菜的话，这样的一碗牛肉饭，连准备带调弄外加烧饭，也就二十分钟左右。如果家里有白芝麻，撒一点上去，就相当有情调了。

●●●● 佛家素面

愿以此功德，庄严佛净土。

上报四重恩，下济三途苦。

若有见闻者，悉发菩提心。

尽此一报身，同生极乐国。

上面一段是回向文，佛教的规矩，做了功德一定要回向。这个说来话长，感兴趣的朋友可以自行查阅有关的佛教书籍。把素斋中的面浇头"秘密"说出来，让更多的人得尝如此美味，真是功德无量，所以要回向喽！

——————————华丽丽的分隔线——————————

上海人有一个习俗，不管信佛的不信佛的，去佛寺游玩之后，必要在那儿吃上一碗素面方为后快。龙华寺早已没有大众的素面供应，玉佛寺尚留其俗；而以前，最为著名的要数静安寺，静安寺庙在大兴土木之前，一直有价廉物美的素面供应。吃素面的地方在庙的后面，不用买寺庙的门票即可进入，因此每到中午不但香客如织，就是附近办公室的朋友们亦经常过来调剂口味。人多，买票、取面都要排队，最厉害的时候，要排上一个多小时呢。

其实中午的素面，还是所有的素面中味道最差的，因为人实在太多，每一碗面都没有煮到位，加之煮得太多，煮面的汤就发浑，即使不断地放入冷水，还是不行，但是如果换水就更赶不上时间了，所以总是有所欠缺。我一直说，吃静安寺的素面，要阴雨天气的十点半去吃，一间房里只有你一个人吃，纵是下雨，热面也能让你浑身每个毛孔都舒舒服服。

然而再怎么说也没有用了，如今的静安寺庙已经没有素面卖了，我便是有再多的普通秘笈也不管用了。好在我还知道素面浇头的做法，我就来告诉你们怎么在家做出一份"不简单"的素面来。

先要炖一锅高汤。什么？素面也要高汤？是的，素面也要高汤，素面的高汤是素的。简单一点的话，只要买上一棵黄芽菜以及一大把黄豆芽，黄芽菜切碎，黄豆芽连根都不用摘，把两样东西放在锅里同煮，等里面的物料都煮烂就大功告成了，简单吧？考究的素高汤，还要放入胡萝卜、白萝卜、玉米、黑枣、西芹、荸荠和甘蔗，家中自制不见得要这么麻烦，但是黄芽菜和黄豆芽是绝对不能少的。

佛家素食，最忌沾荤。你说要在素斋馆中沾到荤腥，倒非易事，然而如今的许多馆子，会于素菜之中带上许多假荤，诸如假虾仁、假蛤蜊之类，数不胜数，甚至还有假的红烧肉出来，其形其味几可乱真。你说佛家连荤都沾不得，难道假却碰得？食素之人，不可不防。

庙中素面，绝无此事，用料中规中矩，别说掺了香精色素的仿荤之物，便是素鸡素鸭之类的常见豆制品亦不用，只是最简简单单的蔬菇豆果。传统的素面，就是这么几种料：香菇、金筋菜、黑木耳、冬笋和油面筋；市售的素面有时还会放入胡萝卜、白果、草菇、蘑菇之类的鲜蔬。这些东西相对来说比较方便，基本上只要烧熟即可，我就先把关键的主料说上一说。

香菇要买大小相仿的，越厚越好，干货如果够厚的话，那么浸发之后还要更厚，入口更加绵软。香菇的浸发有讲究，先将香菇洗净，再用清水将香菇浸入，水中要放入麻油，一滴滴地往盆中加油，以加到可以覆盖水面为宜。有人说应该用微烫的水来发，那根本就是投机取巧，香菇的味道要慢慢散出来，所以不能用热水，得用冷水将之浸发。最好浸发一天一夜以上，每过几个小时，用手去搓揉一番，这样才能保证香菇吸进了足够的香味并且散发出充分的灵气。

金筋菜即金针菜也，上海话谓之"金筋菜"，在没有晒干之前叫做黄花菜，黄花菜炒蛋也是人间绝味，另文详述。干的金筋菜，要求色泽均匀，黄中带金。最近有许多不法奸商，用硫磺熏制金筋菜，所以太白的金筋菜买不得，买之前还要闻一闻，如果不是透散着自然的香味，那样的货肯定不正，不要买。另外，买的时候要用手捏一捏，如果黏黏湿湿的，说明没有干透，容易发霉腐烂，所以不是摸上去干干的，掂上去轻轻的，买不得。金筋菜同样要浸，直接放进泡香菇的盆里就是了。

香菇和金筋菜浸发之后，都要剪。香菇要剪去香菇的根，金筋菜也要剪去黑褐色硬硬的根。香菇和金筋菜都要用手揉一揉,不但可以洗去其中的泥沙,也可以将它们捏松,可以让更多的麻油渗透进去。

黑木耳算是最简单的了,只要用水浸发,好的黑木耳,连根都不用剪,唯怕有泥沙在其中,用手捏一下,浸发后再洗净即可。

冬笋是冬天才有的笋,别的季节如果买不到冬笋,那就只能用罐装的。冬笋是实心的,做浇头的话更有口感,所以不能用竹笋。冬笋买来之后,先要切块用水煮透,煮的时候稍微放一点点盐,可以使冬笋有点味道。煮冬笋可以使冬笋去除涩味,煮好之后的冬笋块,要用素油加麻油炸透,不用炸太长的时间,把冬笋中的水分逼得太干反而不好。

油面筋,就是圆圆的那种,也有人叫做面筋泡。这个不用水泡,但要用水先煮,先将每个油面筋上剪个小口子,然后放在加了麻油的水里去煮,等油面筋变软即可,不用久煮。

要起一个油锅,油锅一定要大,油锅大的意思是锅要大,油要多,火要旺。素菜本来就是清汤寡水,所以要靠油来顶。油锅烧热之后,先将香菇和金筋菜放下,然后放入黑木耳,倒入浸香菇、金筋菜和黑木耳的水,一起先烧上一烧,然后再放入油面筋。

油面筋一定要最后放,油面筋如果再经油炸,容易炸硬炸僵,所以一定要后放。油面筋放入之后,要放一点酱油,生抽即可。以前上海只有酱油,放下去会使浇头变黑,现在可以只放生抽不放老抽,调味更佳,色面也不影响。

噢,对了,糖,一定要放糖!素面的浇头一定要放糖,不但可以吊出鲜味来，而且糖分进入面汤之后，可以更有醇厚的口感。

　　将面条放入清水中煮，等水煮开，水溢上来的时候，倒入一碗清水，如是凡二次。然后将面撩出，用水冲净后，直接放入热高汤中，再舀上一大勺"秘制浇头"，之后就享受吧！我敢保证，你一定会说"原来素面也可以这么美味"。记住哦，不要放葱，千万不能放葱，真正的素斋，是没有葱姜等辛辣之物的，哪怕这些东西不在"五辛"之中。

　　你看，我说了多少大小相仿、分量相近、不大不小、不长不短，佛家的素菜，可不是随便来的。孔子曰"割不正不食"，肉尚且不切得四四方方的不能吃，那么论到斋字，岂可以乱来？所以，做素斋，每一道步骤，都要仔仔细细，当当心心，这样做出来的素面才有规矩。

●●●● 猪油块

　　块者，年糕块也！我第一次听到的时候，兴奋莫名，以为滨滨弄来了云南的饵块，谁知滨滨说："饵块算什么呀，这个是'块'，前面不加任何定语的，所以是最正宗的。"滨滨告诉我，这种"块"，是从宁波弄来的，与云南的饵块纯用大米不同，宁波人用籼米、粳米和糯米三样混合后，水浸石磨，再滤水沉淀，打实后用重石压紧，最后变成一块块的圆形"块"，其口感要比云南饵块好上许多。

　　每个人的家庭和童年都是不一样的，照滨滨的说法，宁波的这种"块"在上海并不陌生，他说他们自小就吃，"老早之小辰光么屋里厢就是蒸一蒸，撬开来蘸糖吃呃呀"。听他这么说，我却丈二和尚摸不着头脑，我从来没有吃过这玩意，连听也没听说过。

　　怎么说呢，我的母亲还是宁波人呢，至今我的外婆和几位阿姨还能说一口纯正的宁波话，甚至我好几次在上海的宁波人开的糟货店里脱口而出的宁波话，还颇能唬人，使得宁波店主总能便宜我几块钱。然而虽有一个宁波的娘，由于她以前从不下厨，所以家中基本上吃的就是苏州菜，因为祖母是苏州人嘛；即使偶尔去外婆家，也总是大鱼大肉，没有吃到过"块"。

"块"很好吃，至少在滨滨的调弄下，变成了一种极其美味的小吃，因为不再是"蒸蒸伊蘸糖吃"而已了。好在，我很"聪敏好学"，在吃了好几次滨滨的"秘制猪油块"后，也掌握了技巧，可以拿出来告诉大家，让朋友也有机会亲手制作，得尝美味。

首先，当然要弄到好的块，任何美食，没有良好的原料，一切都是浮云。以前上海买不到，所以滨滨每到秋末冬初，就托人从宁波带来。为什么是这个时候？好几个原因。米是秋天收起来的，所谓新米也，新米做出来的块，也有"新气"，应上节候；同时块这个东西，还是挺能吃饱人的，人在冬天的食量较大，猪油块饱肚，而且一定要趁热而食，颇有"暖意"。

所以，秋末冬初就可以去"找块"了。菜场中有的年糕摊是宁波人开的，有的不是，宁波人的摊更能找到好的块。块的颜色要白，而且要白得均匀，表面要极其平整，没有一粒粒的突起，否则就是机器干磨的，而不是先浸水再石磨的。块要极紧实才好，轻轻地掰一掰，如果一掰即裂的，则是其中的糯米含量极低，口感硬糙，不好吃；如果块很软，表示水分太多，一烧就会软塌不成形，同样不行。

一块好的年糕块，是硬而有弹性的，折而不裂，表面光滑发亮，边缘整齐均匀。一般的块如手掌般大小，厚度比掌心稍厚。这么大一块，直接夹在筷子上吃，有点不雅，所以要切上一切。好的块，切的时候就可以感觉到弹性和韧劲，入刀的时候觉得很硬，及至切入，觉得刀被拖住，但又不是因为刀钝的原因，实际上是因为年糕块太密实的缘故。

　　块以一切为四最好，切块的时候，先找一个平底锅，放上一勺猪油，猪油不宜太多，太多则腻，瓷调羹中满满的一调羹即可。锅，平底的为好，可以让热和油都均匀地铺开，不粘锅最佳，年糕块受热后易黏，不粘锅没有粘底之虞。一个中等的平底锅，大约放上三个块，每个都一切为四，总共十二块。每个块放入锅里的时候，还是以四块拼在一起圆形的入锅，这样的话，最后上桌比较漂亮。

　　用小火将块煎着，找两个鸡蛋来，放料酒放盐，打成蛋液。猪油极香，受热后散发，这时的厨房已经是香气四溢了。用镂铲轻轻地碰一下块的顶部，如果已经发软，就可以将块翻个面，翻面的时候也是四块四块一起翻，依然保持圆形。

　　等块的表面发软，一面的皮已经煎得差不多了，看颜色则是微黄的，翻过面来之后，撒入一点葱花，再煎上与先前差不多的时间，然后从圆心向外，将四块年糕块拨开一点，当中留出一个十字形的缝来。把火调得稍微大一点，以可以听见嗞嗞声为度，此时葱的香味也腾起来了，虽香却不得食，的确很急人，好在马上就能吃了。

　　将蛋液在十字的中间倒入，不要一下子倒许多，要慢慢地倒，先倒一半左右。十字当中的蛋液会凝固起来，渗下去的蛋液则会铺平锅底，用镂铲轻轻铲动，将蛋液把年糕块包起来。猪油香、葱香伴着蛋的香味，弥漫在厨房里，这里如果正好有人推开厨房门进来，我敢打保票，这个家伙不吃完你的东西，决计不肯离开。

把年糕块翻过来，同样要四块一起翻，这时翻起来较为容易，因为当中有蛋黏着了。翻过之后，底上的蛋已经是金黄微焦的了，用镂铲将十字中的蛋划开，依然是四块，然后把剩下的蛋液倒下去，同样是要把渗下去的蛋液轻轻地推到一起，裹住年糕块。

稍微烘一下，就可以起锅了。起锅前别忘了沿着十字划一下，使之分开，然后依然是四块四块地盛起来，放在盘中即可。盘边上撒一点椒盐，用来蘸食，这道精致版的点心就做好了。

吃吃看，保证一吃忘不了，特别是那些在朋友家中吃到的，吃过之后回家就是想着如何去弄到好的年糕块，我就是其中之一。这道小食在制作的时候，绝对不能急火，火一大外面易焦，焦则苦而黑，万万不行；一定要用小火慢慢地烘，烘得心子也软才行。而且这玩意不能一次做得多，要人均一块两块地算好，趁热而食，量多的话来不及吃，一冷则风味全失，美食人士不可不知。

●●● 上海法式吐司

又是一个奇奇怪怪的名字，上海法式吐司，到底是上海的，还是法国的？说来话长。

前几天，与朋友们一起回忆上海的小吃，大家都觉得小时候许多吃的东西现在都没有了，但是你一言我一语之后，发现所谓的"消失"，其实最多只能算是"苟延残喘"，少是少了，有还是有的。

比如说糕团吧，双酿团、条头糕、黄松糕、定胜糕、粢毛团、蜜糕、枣泥拉糕等依然还有沈大成、王家沙之类的上海名店售卖；四大金刚在许多居民点都有；咸浆、豆腐花除了不正宗的永和豆浆之外，还有安徽摊头天天磨豆浆在做；老虎脚瓜的确不多，但虹口区的小街以及七宝老街，都可以找到；再至柴爿馄饨，即使一直与城管玩着猫和老鼠的游戏，但对夜生活普遍的朋友来说依然不止一个据点可以找到；朋友们相当喜欢的萝卜丝饼油墩子，不说远的，哪怕市中心的新昌路上就有。

不仅如此，有些小吃甚至还非常有名，葱油饼有思南路的阿大和凤阳路的夫妻；粢饭团有传说中"被阁主一手捧起来"的南阳路街边摊；哪怕不算是上海小吃的瘪子团，在吴门人家也恢复供应……

这样说来，好像真的什么都有了，及至我说到一样东西，大家都说真的没有了，那就是上海吐司。

有人说，吐司"流落"到了香港之后，斯文扫地，茶餐厅把面包一煎放块黄油，就成了"西多士"，与本来的精致法国吃法，已经不可同日而语。要照这种说法，那么这玩意到了上海，简直不是"流落"，而是"发配"了。

上海吐司，向来不算是很稀奇的东西，只要有卖油饼的摊子，一般都卖吐司。那种很薄很薄的油饼，一小块面粉炸一大块饼，吃起来极脆的油饼，上海人叫做"油氽面饴饼"。这种油饼现在泰兴路南阳路就有，但是不再见到吐司的身影了。

香港的西多士，至少还是在茶餐厅里坐着吃的；上海的吐司，是在饮食摊上买好了，拿着油纸垫着，边走边吃的，比香港的待遇更惨呢。

但是美食何来高低之分？别的不说，炸臭豆腐一物，一定就是街边摊上的最好吃，大饭店里虽是新油炸出，但是厨房离饭桌再近，也不会比你站在油锅边立等可取更快吧？臭豆腐偏偏就差不得三十秒钟。若是再好一点的饭店，传菜有传菜的，上菜有上菜的，至少两三分钟被耽误，再好的臭豆腐，你便是用处女磨浆，卖个100元一块，也依然会少了那股"神气"的。臭豆腐的"神气"是什么？就是一只咬下去，咬得动却咬不断，因为实在太烫了，就是愣神的那一刹那，有一股"热烟"从咬破的缺口里冒出来，那才叫真正的臭豆腐。

所以，美食是不讲究到底在哪里吃的，东西好才是硬道理，只有那些所谓的美食家，才会着眼于饭店的星级、鲍翅的价格，买椟还珠的，就是这种人。

吐司也是一样，自有要配着英式红茶、法国红酒吃的品种，但也有上海的街边摊才会好吃的上海法式吐司。说法式，是因为法国的吐司有一种是油里煎的，百十年前可能有一个上海人看到了某位法国人用油煎过，所以这种做法就叫做"法式吐司"；其实那完完全全就是上海的做法，完全不用去拘泥于"法式"两字。

虽说不必拘泥，但感谢还是要感谢一下的。最早的吐司就是法国人发明的，就连英文单词 toast 也是来源于古法语的 toster，可见其历史之悠久。

toast，既是名词又是动词，说的就是"再烘"已经做好的面包片，使之表面焦黄；除了法式之外，别的都是烘的，只有法式是用油煎的，算是一个例外。

上海法式吐司，可以说除了在传承上还是用到油之外，和法国已经没有任何的关系了，就算主料面包，也不用去刻意追求法式的了，只要最普通的切片面包即可。现在的切片面包大多截面是正方形的，以前的面包截面是三边直的一边圆的，而且不是切好片卖的。考究的家庭会有一把解放前留下的面包锯，就是一把很长很薄的钢刀，刀柄甚至有象牙的，刀上有很小的锯齿，就是用来锯面包的。那种把面包压紧，哪怕用再快的刀来切的，都是不上档次的做法。

世事变迁，所有过去的档次早已被打倒殆尽，不必拘泥，可以直接去面包店买切好的面包。现在面包店不是一刀一刀切的，而是有一个框，把面包放进去，一切到底，就是十几片。

上海的吐司，牛就牛在还有肉。要做上海吐司，还要准备一碗肉糜，肥瘦相间的肉糜，剁也好，绞也好，与狮子头不同，细一点的肉糜做土司比较好，如果一粒粒的，就不够好吃。肉糜加料酒加盐，搅拌均匀，如果能用力搅打一下，味道会更好，但我估计以前街边摊的做法不会费力搅打，谁有那个闲工夫啊！

家里做，最好搅打起劲，那样的话，表面的肉会更有弹性；要是再考究一些，可以剁入一些虾仁，虾要新鲜，剁在一起，更有鲜香的感觉。剁好肉糜，拌好料，放着醒一下。

准备一点面粉，用水调起来，水要稍微多一点，那样放进面粉的时候，面粉会结成一粒粒的小球，只要放置一会儿，水就会进到面粉球中去，然后再搅拌就没有问题了，这个也叫"醒"。面粉不宜太厚，太厚的话吃起来又是面包又是面粉，实在太厉害了。以用筷子撩一下，大多数面粉都留不在筷子上，最后只剩一层为准；如果一点也留不下来，那就太薄了。调好面粉，再打一个蛋下去，依然搅拌均匀。

肉糜醒得差不多了，取一把小刀，就像刮黄油一般，把肉糜涂在面包片上。不要以为以前街边摊上肉很少，那时的肉并不比面包贵上多少，我小时候的鲜肉油墩子，都是有许多肉的，吐司也不例外，厚厚的一层肉。肉的多少，完全取决于大家心急的程度，心急则少一点，但要味道好的话，不妨还是厚厚的一层，来得过瘾。

把涂好肉糜的面包片浸到面粉里，浸浸透，一定要浸透，否则的话，放在油里一炸，油全都被面包的孔洞吸入，大多数正常的人都会觉得腻的。既然说到了油，就要起油锅，香港的西多士是放在平底锅里煎的，而上海吐司是放在铁锅里炸的。煎和炸的区别，相信许多朋友都有体会，一个油少，一个油多，所以铁锅中要放许多的油，至少一片片炸的话，要可以让面包片浮起来才对。

点火加温，可以先开大火，待油温上来之后，改用中火。其实所有的炸制，都不是用大火的，大火的油炸，只有一个结果，就是外焦里嫩，卖相不好倒也算了，而油在高温易分解，还不利于健康，所以要用中火。街边摊是一个炸油条的大锅，所以事实上温度要较家中为高。家中炸吐司，可以像炸猪排一样，也醒上一醒，先把吐司浸好面粉蛋液放在油里炸一下，等外边的面粉炸牢，就拿出来放在一边，由于面粉和面包中都有水分，放在边上醒一下，可以让其中的水分蒸发出来，而又不至于炸得太干。

如果要做十片吐司，那就一片片炸，一片片取出来醒着，等最后一片炸好，再放入第一片去炸，炸到双面金黄就可以了。香港的西多士，即使放了蛋，最后还是上面加一块黄油，边上放一瓶糖浆上桌的；要说咸的吐司，还是以上海吐司最为到位，虽然台湾也有肉松吐司之流，但终究没有上海吐司中西结合得这么夸张。上海的吐司是不加调料的，连辣酱油也不用，家中食用的话，由于油多，配上一杯酽酽的铁观音，倒是不错的选择，只是不能是新的铁观音，必要那种深色的陈铁观音才好。

上海吐司的关键就是"醒"，肉糜要醒，面粉要醒，炸过一次的吐司要醒，只有醒透了，才能做出既松且脆的上海法式吐司来。如果有法国的朋友来家里做客，建议各位一定要做上这么一道给国际友人吃吃看，然后再和他们讨论一下上海的国际化。

●●● 五香茶叶蛋

台湾人说茶叶蛋是他们发明的，他们甚至还把维基百科的"茶叶蛋"条目给"抢注"掉了。上海人不同意，说茶叶蛋是上海人发明的，因为史料上显示上海很早就有茶叶蛋，可能是那时逃到台湾去的人带过去的。北京人认为茶叶蛋是北京发明的，东北人则认为一定是他们那疙瘩发明的。

全中国都有茶叶蛋，全中国的人都认为茶叶蛋是自己发明的。哎！中国人就喜欢抢这样的虚名，哪里发明的又有什么意义呢？烧得好吃才是王道。我去过全国各地，几乎各地的长途汽车站都有茶叶蛋卖，只是那儿永远是客流的高峰，那些茶叶蛋也永远是黑黑的壳，但等剥开却是雪白的蛋白，别说香味了，连蛋清味都还没有退去呢。

茶叶蛋，还是要在上海吃。以前上海有许多老太太，推着一辆童车，童车上放个煤炉，煤炉上架着一口大锅，里面煮着茶叶蛋，与蛋同煮的还有豆腐干，一种特别的豆腐干。这种豆腐干是长方形的，两面都用刀划过，正面与反面的划痕方向不一样，所以豆腐干拎起来的时候，可以成为灯笼形。这样的切法和蓑衣黄瓜很相似，也同样有着一个好吃听的名字——兰花豆腐干。

兰花豆腐干永远是和茶叶蛋一起煮一起卖的，老太太的推车也永远放在车站、学校门口等人多的地方，赶时间的人买上两个蛋一块豆腐干，拿了就走，心急的在车上就吃起来，香味惹得同车的人又馋又恼。不赶时间的就厉害了，站在摊旁，拿着茶叶蛋剥壳，因为太烫的缘故，人们只能从左手换到右手，右手换到左手，一边剥一边换手；及至剥去了上面半个的蛋壳，就用三只手指托着，虽烫犹爱地咬上一口，如果边上有朋友，两个人只能撅着嘴说话，实在是太烫了。咬去了上面半个蛋白，还要取过老太太手中用竹筷子绑着的瓷调羹，舀起一点点汤水来浇在蛋黄上，口味重的更是吃一口，淋一点汁。一个鸡蛋都能吃得如此不亦乐乎，生活的幸福就在于此了。

吃过茶叶蛋，还要来上一块兰花豆腐干，依然是烫得可以，用手衬张纸托着，在辣糊（念"虎"）瓶里舀一点辣酱淋在豆腐干上，大冷天趁热而食，可以吃出一身汗来。上海节奏太快，有些女孩子下班之后还要进修，没有时间吃晚饭，于是路上就在车站吃两只茶叶蛋外加一块豆腐干，聊作晚餐，既可以果腹，又没有发胖之虞，很受欢迎。

后来，城市改革，城管越来越多，能够设摊卖茶叶蛋的地方越来越少，再后来，就没有后来了。

现在，茶叶蛋只留在便利店里了，没有饮食店卖茶叶蛋，也没有食品店卖，本来饮食店和食品店也从来都不卖茶叶蛋。上海有些便利店，收银台边往往有只电饭煲，电饭煲的盖子从来都不盖，里面一直煮着一堆茶叶蛋。问题是那些茶叶蛋好像一点也不香，和电车站老太太的根本不可同日而语。

茶叶蛋一定要香，先不说口感如何，最最起码的条件，就是香。茶叶蛋的全称是"五香茶叶蛋"，就算你闻不出五种不同的香味来，也至少知道那是很香的东西吧？

既然市面上想吃也吃不到，而恰恰我是会做的，那么我们一起来探讨一下五香茶叶蛋的做法吧。

五香，很多人会想到"五香粉"，五香粉一般是由花椒、肉桂、八角、丁香和小茴香籽按特定比例放在一起磨粉而成，有些地方的五香粉还会放入黄姜、豆蔻、甘草、胡椒、陈皮等特料，各地的风格不尽相同。上海的超市里一般都有五香粉卖，那么茶叶蛋能不能用五香粉来做呢？

答案是否定的，原因很简单，五香粉并不会溶解在水中，而是会浮在汤面之上，要是吃一只鸡蛋还要沾上一手怪怪的粉，谁还愿意吃？

那么，就要自己来配制香料，我们照最简单的配方来看。花椒，上海人虽不谙其道，但是菜场超市都可以买到，并不稀奇，挑颜色鲜红的买，一般来说比较新鲜。肉桂，上海没有肉桂，好在可以用桂皮代替。八角，是八角星形的，就是上海人说的茴香，八角味道很香，有一种近似的植物是六角星形的，那玩意有毒，反正你是现成买来，又不是自己去采，别人早就帮你挑好了。还有丁香和小茴香籽，上海菜中没有一道是用到丁香的，据我所知上海人吃的东西中也只有酸梅汤要用到丁香，实在需要的话可以去药房购买，其物极香，其价极贱。小茴香籽，上海人从来不用此物，甚至想买都买不到。

好了，五香中的前三样，易买易得，烧五香茶叶蛋，就用这三种好了，至于缺少的"二香"，我们可以再想办法。其实美食上面的数量，多半是虚指，千层饼、百页结、十味酥，都是虚指的。

照我说的做就可以了，我这里所说的是十五个鸡蛋的量。烧茶叶蛋，要挑选长得小小的草鸡蛋，草鸡蛋壳薄个小，较红壳鸡蛋容易入味得多。十五个鸡蛋，只要一根手指长短的圆形桂皮，如果是半圆形的，那就二指长短，很容易推算；茴香三粒，二十四瓣，如果茴香碎了，数二十四瓣就是了；花椒三十粒左右，你不会真的去数的，浅浅的一调羹就差不多了。

五香的问题解决了，蛋也解决了，还有一个关键词是"茶"，你不必用明前、雨前的龙井来做，那样成本太高了，车站上的老太太是不可能用这么好的茶叶来做的。其实，茶叶蛋根本不能用绿茶来做，绿茶味雅，久煮发苦，完全不符合要求。

比较适宜煮茶叶蛋的茶叶，是乌龙茶和红茶，这两种茶叶的香味都很"霸道"，要香气四溢，用这种茶叶正好。不必去买贵的茶叶，只要家中的老茶叶即可，你甚至可以在买茶叶的时候问老板讨一些陈茶，你只要告诉老板是烧茶叶蛋用的，他会很乐意送你一些的。我后来放弃了红茶，改用普洱，效果相当好，普洱色深，甚至可以减少酱油的用量。要多少茶叶？大约每种十克，这又是一个很难真实测量的定量，那么简单点说，就是泡两到三杯茶的量，总明白了吧？

考究的话，得缝一个纱布口袋，把香料和茶叶一起放入再封口。噢，对了，还有姜，大约要四五片姜的样子，一并放入布袋。现在有市售的调料袋，专供人们在家卤菜包装香料，一大包几十个袋子也就几块钱，买得到的话可以省很多事。当然，还可以更省事，直接把香料和茶叶放在锅里煮，反正这些东西都不算太小，不会和鸡蛋纠缠不清。

把调料包放入水中之后，就点火煮着好了，又得说回鸡蛋了。鸡蛋要洗过，洗完之后放在另一个锅里，放冷水盖过鸡蛋，然后开大火煮，待水沸之后，改用中火来煮，不持续用大火的原因是急火容易将蛋煮裂煮炸，中火的标准是水将沸未沸，就是每过几十秒水面会跳动一下，听到"咕噜"一声。

煮蛋的时候，将水斗洗净放上冷水，或者可以准备一个大容器，容器要足够大的，可以放好多好多的冷水。大约煮二十分钟，将蛋一个个地捞起，一个个地放到冷水里，一直等到鸡蛋完全冷却。这一步相当关键，只有热水里出来马上用冷水浸透的鸡蛋，才容易剥壳，这个步骤在上海话里叫"结"，连起来说就是"放到冷水里结一结"。没有结过的鸡蛋，剥壳时会有蛋白粘在蛋壳上，这种蛋在上海话中也有一个专用名词，叫做"黏（念'得'）壳蛋"。

待鸡蛋冷透，将每个鸡蛋都敲敲碎，方法也很简单，将蛋举到一拳的高度放手，再拿起来，转个角度再扔下，前前后后都扔一遍，基本上一只蛋的蛋壳都碎了，就可以放到煮香料和茶叶的锅中了。还要放酱油和盐，我的经验是十五只蛋放四调羹老抽、六调羹生抽以及二小勺的盐，如果舍不得酱油的话，那盐就要多一点了，如果水不能盖过鸡蛋，那么还得加水。

然后就煮吧，待水沸之后，改成小火焐着，要焐多少时候？起码四五个小时，茶叶蛋一定不可以用大火煮，大火的话蛋会炸开，而且会把蛋白煮硬而不入味；所以小火才是王道，你想老太太每天推个煤炉，就是用小火焐着的呀！

茶叶蛋到底要不要放糖？一般来说，上海人用到酱油，必会放糖，然而茶叶蛋是用手拿着吃的，千万用不得糖，否则吃完之后手黏黏的，不说大煞风景么，也至少是个麻烦事。要知道，茶叶蛋照道理是站在街上吃的呀！

可以保证的是，焐茶叶蛋的时候，满厨房都是香味，千万不要心急，用大火或者时间不够，茶叶蛋都不会好吃，非要火候到了才行。煮好的茶叶蛋剥去外壳，表面会有一种非常漂亮的如大理石般的纹路，"学名"叫做"冰纹"，如果说香味和口感是口腹之欲，那么冰纹就是精神上的享受了，味美之外，精神上的享受还是需要的。

我有一次受四明堂主人赵铭之邀去了他藏在上海里弄里的高雅茶室，品茶之余还吃到了他们特制的茶叶鹌鹑蛋，小而雅致，与茶室相得益彰。小小的鹌鹑蛋，照样做出漂亮的冰纹，想必是花了心思的。

要做出漂亮的冰纹，就是在敲蛋的时候不能举得太高，但又要每个角落都敲碎。卖茶叶蛋的老太太来不及每一个事先敲好，而是将白煮蛋放在锅中，一个个翻，一个个用绑了筷子的调羹底来敲的；老太太敲蛋有讲究，不会一次敲得很碎，那样的话，她就可以看得出哪些是久煮入味的蛋，而哪些是放下去不久的已经上色却没入味的，还没来得及敲的，则是新近才放下去的。

　　不要小看小摊上的小动作，每个小动作，都是有道理的。

●●● 奶茶

　　上海现在有许多茶餐厅，从香港传过来的，关于茶餐厅的故事，在《虾仁滑蛋》中有过介绍，今天就来说说茶餐厅的饮料。香港天气炎热，饮品自然盛行，茶餐厅中除了原生的鲜牛奶，冲泡即饮的阿华田、好力克之外，最受欢迎的恐怕要数奶茶和咸柠七了。

　　香港的奶茶，亦如上海的生煎一般，感兴趣的朋友估计可以写出一本书来。生煎家家都有，有的皮厚有的皮薄，有的带汁有的干爽，各有千秋，争相斗艳。奶茶的变化，可能比生煎更多，哪怕冻奶茶和冰镇奶茶，都是有区别的，前者是加了冰块在杯子里的，但是融化之后会减淡茶的浓度和口味，后者是在把奶茶放在瓶中埋到冰块中的冷冻法，然而冰镇奶茶只有有制冰机的大餐厅才能提供，靠冰箱制冰的小店无法做到。

　　大家都听说过"丝袜奶茶"的名气吧？香港好多店都标榜自己的奶茶是"丝袜奶茶"，而许多内地的朋友都不知道其来历。有的朋友说丝袜奶茶是用丝袜过滤茶叶的，其实奶茶从来没有用丝袜过滤过，香港茶餐厅用的是棉布滤网，滤过茶之后就变成黄黄的，看上去很像丝袜而已。另外，有"好事者"认为奶茶幼滑的口感与丝袜有异曲同工之妙，故有此名。

意淫归意淫，名词还是挺好玩的；更有好玩的名字，叫做"鸳鸯奶茶"，叫人猜的话，是死活猜不出来的，说穿了倒是一点也不稀奇，就是奶茶加咖啡啦。

奶茶对于香港人来说，普通得不能再普通，然而对于上海人来说，话就长了。

上海人以前是几乎只喝绿茶的，至于花茶，在上海人的眼里那是穷人喝的，说到底倒也是，一般的花茶都是不怎么好的茶叶，用花香来调味的。除了绿茶之外，上海人也稍微喝一点点红茶，也仅限于祁门这一种。

解放前的上海人，也知道英式的午茶，可惜全被打倒了；像我们这个年纪的上海人，知道茶中也能放糖，那要在肯德基进入中国之后了。那时全上海只有两家肯德基，一家在外滩，一家在人民公园门口，记得好不容易攒了一点钱，去肯德基点了一份套餐，最让我惊艳的倒不是鸡，而是茶。

一杯红茶，放在一个纸杯子中，红茶是放在一个棉纸袋中的，上面一块小小的黄牌子，写着"lipton"的字样，就是现在到处可见的立顿黄牌红茶。那时可是惊为天物啊！柜台上的小伙子不但给了我茶，还给我糖和奶包，我把它们全都倒在杯子里，才知道原来茶是可以这么喝的。

这就是新中国的上海人接触到的最早的奶茶了，虽然只是一包袋泡茶外加植脂末，远远不能和醇厚港式奶茶相比，但已经使我后来一见到有立顿袋泡茶售卖就有些欣喜若狂了。

后来，后来我去香港；再后来，再后来我去了印度。

原来，香港的奶茶根本就是印度传过去的。印度人喝奶茶才叫一个厉害，街头巷口，到处都有奶茶摊，一辆小推车，有些甚至是轮子也没有的推车，还真不知道他们是怎么把那个大柜子移到街口的。每辆推车都很破，锅都是铜的，摊主都是黑黑瘦瘦的，每个摊前都围着一大圈人。摊主有几个罐子，有的放水，有的放着牛奶，当然还有糖，摊主就在那边不断地烧着水和奶，从这个罐子倒到那个罐子里。摊主的动作很夸张，他是左手执一个罐子，右手亦执一个，双手离得很远，快速地将一个罐子中的茶倒向另一个。多半是熟能生巧的缘故吧，他能快速且准确地将两个罐子倒来倒去，一滴也不会洒在外面，远远看着，就像舞蹈表演一般，又像是在举行某种特别的仪式。

印度的奶茶，是放在小的陶罐中喝的，那种陶罐只比我们的酒盅大不了多少，其茶极酽亦极甜，只能慢慢地啜，啜完之后，就把陶罐往路边一扔，当场就碎了。从奶茶摊前碎陶片堆的高度，可以衡量摊子的受欢迎程度。

英国人最早到了印度，再到香港，就把印度的奶茶带了过去。那么印度的奶茶呢？是从中国传过去的。有史可考，英国的东印度公司，到福建选择小种红茶，同时把中国人带到印度，在大吉岭上栽种，培育出著名的大吉岭红茶来，才有得后来的丝袜奶茶。

即便是现在的香港，烧奶茶用的茶，还要用到部分印度的茶叶，虽然都说是大吉岭茶，但实际上只有很少的部分。大吉岭茶名气太过响亮，产量又不高，所以身价百倍，就是在印度本土，做奶茶的茶叶，大多数是 Assam 出的，中文译作阿萨姆。

阿萨姆在印度的东北面，平原，与大吉岭不同，此地炎热，盛产茶叶，就叫做阿萨姆茶。阿萨姆茶与我们常见的茶叶大不相同，是一粒粒圆形的，和菜籽的大小相仿，深褐色的。阿萨姆茶并不贵，在印度的价格大约是 50 元人民币一斤，国内也有售卖，但大多数是假货，别的不说，茶叶的样子就不同。

机缘凑巧，还是可以买到正宗的阿萨姆红茶，当然其实舍得的话，祁门红茶远远要香过阿萨姆的，现在有散装的立顿红茶卖，香味也是十足。香港的茶餐厅一般就用印度的红茶来取味，再用立顿红茶来取香，最后配制成完美的奶茶。

上海的朋友要是家里制作，就用普通的市售红茶好了，再准备一点牛奶，香港是用炼乳加水而成，家里制作不考虑成本，牛奶的话味道更好。牛奶一定要买全脂的，脱脂奶完全吃不出奶茶的感觉来。

将牛奶放在一个敞口的锅里，因为牛奶煮沸易溢出锅外，所以敞口较好。虽说奶茶要有油脂，但如果锅是平时炒菜的，就一定要洗得一点油花都没有，否则效果会差许多。

香港的奶茶要经过撞茶的步骤，说白了完全是为了成本的考量，撞得透则茶出得多，家里做的话，奢侈就奢侈到底吧！

将整罐牛奶倒在锅中，然后将红茶叶一起放入，开中火烧煮，大约三四分钟的时间，牛奶即已煮沸，立刻关火，将滤网放在加了糖的杯子上，直接端起锅倒入奶茶即可。

就这么简单？是的，就这么简单。自己家里自己做，既不用像香港茶餐厅那样核算成本精打细算，也不用像印度摊主那样招徕顾客，所以只要简简单单地烧一下就可以了。

有些朋友怕茶叶的味道不够，就多煮一会儿，要知道，红茶是不能久煮的，否则的话会很涩嘴，切记切记！有许多老外哪怕喝袋泡红茶，也是一泡即把袋子拿出来，就是这个道理。

那茶味不够怎么办？很简单，反正又不是烧一回，下回多放一点就是了。我还真说不准茶叶的量，就算泡一杯绿茶，有人喜欢一缸子全是茶叶的，也有人喜欢就是三三两两竖着几片的，反正大家照自己的口味来回增减，总是能找到自己喜欢的分量的。

最后奉劝大家一句，千万不要去喝珍珠奶茶，那玩意，没有珍珠，没有奶，没有茶。至于有些什么，你懂的！

图书在版编目(CIP)数据

下厨记Ⅲ/邵宛澍著. – 上海：上海文化出版社,2015.5（2015.9重印）
ISBN 978 – 7 – 80740 – 855 – 0

Ⅰ.①下⋯　Ⅱ.①邵⋯　Ⅲ.①饮食 – 文化 – 中国

Ⅳ.①TS971

中国版本图书馆 CIP 数据核字（2012）第 042881 号

责任编辑
黄慧鸣
装帧设计
育德文传

书名
下厨记Ⅲ
出版、发行
上海文化出版社
地址：上海绍兴路 7 号
网址：www.cshwh.com
印刷
上海天地海设计印刷有限公司
开本
890×1240　1/32
印张
8
字数
146,000
版次
2012 年 5 月第 1 版　2015 年 9 月第 3 次印刷
国际书号
ISBN 978 – 7 – 80740 – 855 – 0/TS · 427
定价
24.00 元

告读者　本书如有质量问题请联系印刷厂质量科
T：021 – 64366274